INDUSTRIAL PRODUCT DESIGN

产品造型设计

主　编　邱燕芳
副主编　王大勇　宗成武

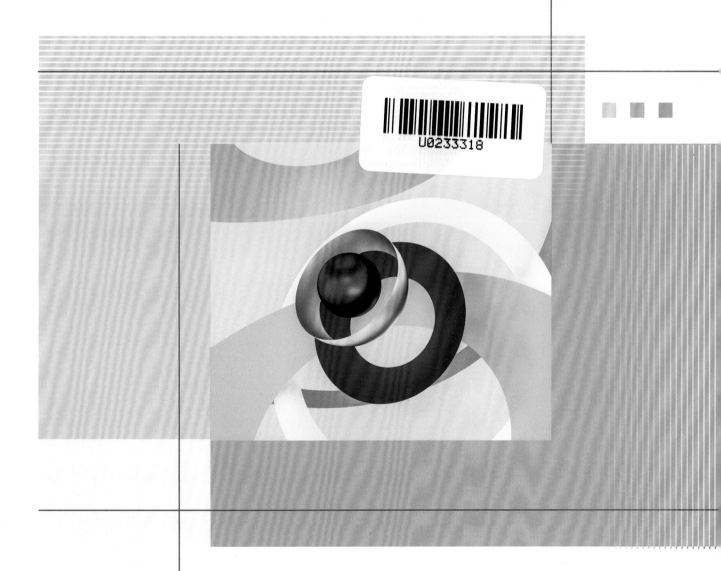

U0233318

北京理工大学出版社
BEIJING INSTITUTE OF TECHNOLOGY PRESS

内容提要

本书细致地讲解了产品造型设计的相关知识，全书共 5 章，讲述了产品造型设计概述、产品形态设计、产品造型仿生设计、产品造型与语意、产品造型设计的其他方法。书中还安排了与知识点相关的项目训练和优秀案例赏析，内容通俗易懂。

本书可作为高等院校相关课程的教材，也可作为产品设计爱好者、产品设计从业人员的参考用书。

版权专有　侵权必究

图书在版编目（CIP）数据

产品造型设计 / 邱燕芳主编.—北京：北京理工大学出版社，2020.7
ISBN 978-7-5682-8693-0

Ⅰ.①产…　Ⅱ.①邱…　Ⅲ.①工业产品－造型设计－高等学校－教材　Ⅳ.①TB472.2

中国版本图书馆CIP数据核字（2020）第123098号

出版发行／北京理工大学出版社有限责任公司
社　　址／北京市海淀区中关村南大街 5 号
邮　　编／100081
电　　话／（010）68914775（总编室）
　　　　　（010）82562903（教材售后服务热线）
　　　　　（010）68948351（其他图书服务热线）
网　　址／http://www.bitpress.com.cn
经　　销／全国各地新华书店
印　　刷／天津久佳雅创印刷有限公司
开　　本／889 毫米 ×1194 毫米　1/16
印　　张／6
字　　数／160 千字
版　　次／2020 年 7 月第 1 版　2020 年 7 月第 1 次印刷
定　　价／65.00 元

责任编辑／江　立　崔　岩
文案编辑／江　立
责任校对／周瑞红
责任印制／边心超

图书出现印装质量问题，请拨打售后服务热线，本社负责调换

前言
PREFACE

产品造型设计是产品艺术设计专业、工业设计专业的一门重要专业课程，它是基础课与专业核心课的衔接，是迈向设计实践的重要一步。学习形态设计方法、仿生设计方法、语意的表现手法等相关知识，可以为设计实践活动提供相关的理论指导。

本书分为5章，重点讲述了第2～4章。本书以产品形态设计作为切入点进行编写：产品形态设计是产品造型设计最基本的设计内容，编排了形态要素各个设计点的项目设计训练，以及形态美学法则设计训练；仿生设计是产品造型设计最常用的设计方法，编排了功能仿生、结构仿生、形态仿生等设计内容和设计训练；语意表达是产品造型设计延伸的设计方法，编排了三种语意表达的方式和设计训练。

编者在十几年教学实践经验积累的基础上，对产品造型设计进行了梳理与探索。本书以基本理论讲述为基础，重点阐述了产品造型设计的方法和训练技巧，每一章的训练项目中均有真实的企业项目及虚拟项目，每一个项目都列举了具有代表性的学生作业作为典型案例，便于读者理解与参考练习，也便于读者后期应用。

本书作为产品艺术设计专业、工业设计专业的教材，力求文字简洁，通俗易懂。书中配置了大量的设计实例、产品图片、学生作品，使读者能更直接地感受到产品造型设计中的设计乐趣与艺术魅力。

本书在编写过程中运用的一些案例，部分来自国内外的一些资料网站，部分来自广东省外语艺术职业学院产品艺术设计专业2013—2018级学生的手稿和设计作品。在此，谨向所有资料提供者致以衷心的感谢！希望本书能对读者的学习和研究有一定的启迪和借鉴，如能对读者有所裨益，编者将感到莫大欣慰。

由于编写时间仓促，编者水平有限，书中不尽完善之处在所难免，望各位专家、同行不吝赐教，也真诚地希望读者批评指正。

编　者

目 录
CONTENTS

第1章 | 产品造型设计概述

知识目标 《

1. 了解产品造型设计的概念。

2. 了解产品造型设计的原则。

3. 了解产品造型设计的影响要素。

能力目标 《

1. 能根据产品造型设计影响要素对产品造型进行分类。

2. 能对分类的产品造型进行资料收集。

1.1 产品造型设计的概念

课件：产品造型设计概述

什么是产品？产品是为了满足人们的某种需求而设计生产的具有一定用途的物质产品和非物质形态服务的总和。产品造型设计中的产品通常指的是前者。产品造型设计在字面的理解上是产品的外观造型设计，也是产品的形态设计。但产品造型设计远不止形态的设计，还涉及产品的结构、语意、色彩、材料、表面处理等方面。如Alessio Romano 设计的 CTRL－X 自由站立的剪刀（图 1-1），采用了简洁的形态，选择了低饱和度且有个性的颜色，既降低了产品使用时的视觉疲劳，又点缀了办公桌。Lume 概念灯具采用不同的材料和表面处理方式带来了不一样的产品风格（图 1-2）。这些都是产品造型设计所涵盖的内容。

图 1-1　Alessio Romano 设计的 CTRL－X
自由站立的剪刀

1

产品造型涉及物质功能、产品造型艺术、物质技术条件三个基本要素（图1-3）。产品的用途和使用价值，是产品存在的根本。物质功能对产品的结构起着决定性作用。产品造型艺术是利用产品物质技术条件，对产品的物质功能进行特定的艺术表现。物质技术条件是工业产品得以实现的物质基础，包括材料和制造手段。其随着科学技术和工艺水平的不断发展而提高和完善。

产品造型设计是产品设计很重要的一个设计部分，一个产品的造型设计决定了人们最终是否购买该产品。人们在选择和购买产品时日趋追求个性化、情绪化、感性化，因而产品不再是单纯的一种物质形态，而是人与人交流的媒介。产品造型设计中"主观的""情感的""心理的"等因素成为产品设计的重要参数。产品造型设计过程是实现"人—机—环境"即"人—产品—环境"的和谐统一，研究如何应用造型美学法则，处理特定条件下各种结构和功能、造型、材料，产品与人、环境、市场等的关系的过程（图1-4）。

图1-2　Lume 概念灯具

图1-3　产品造型三个基本要素

图1-4　人—产品—环境的和谐统一

1.2　产品造型设计的原则

造型是产品设计的最终结果，设计师用造型语言来表达自我的创作理念。产品设计在造型方法上，要依照一定的原则和步骤。

1.2.1　创新性

产品设计师要善于思考、敢于想象、大胆创新，同时养成从生活中吸取创作灵感的习惯。如佐藤大设计的 rassen 筷子，不使用的时候，两根筷子相互缠绕，合二为一，外表与一根筷子无异，这正是设计师的巧思、工匠们的精湛手工技艺与现代技术数控多轴切割机的完美结合（图1-5）。鲨鱼鳍茶漏是设计师在仔细观察了鲨鱼在海上游动的情景后设计出的作品，将鲨鱼鳍作为茶漏，漂浮在杯中，将海边生动的一景带入日常生活（图1-6）。这些设计都是设计师思考和创新的成果。

1.2.2 实用性

实用性是产品设计的根本原则，产品的生产目的是供人们使用。产品的实用性是所有成功产品所必有的特性。设计产品造型的时候首先要从其使用功能出发，要迎合使用者的感受。以无印良品的产品为例，其产品强调实用性，有着"极简、清新、环保"的风格，除去了烦琐的外形，回归自然（图1-7、图1-8）。

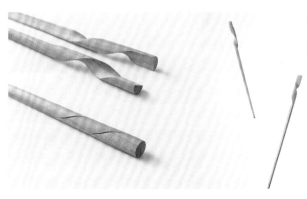

图1-5　佐藤大设计的 rassen 筷子

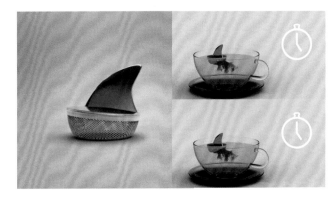

图1-6　鲨鱼鳍茶漏

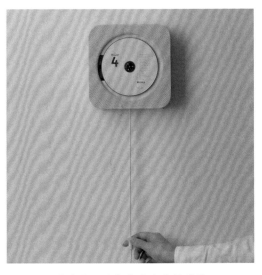

图1-7　无印良品音乐播放器

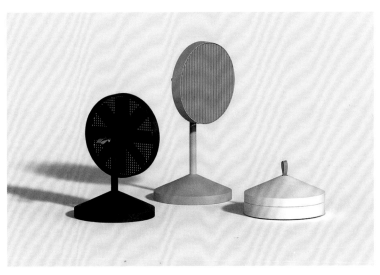

图1-8　无印良品电风扇

1.2.3　经济性

产品设计的经济性是指产品造型的生产成本低、价格低，利于生产，省材、节能、提高效率，利于包装、运输、仓储、维修等方面。产品设计经济性的原则是在不损害产品形态美观和使用性能的前提下，尽量降低产品的成本，提高产品的经济性。考虑到经济性，一方面，要从企业的角度出发，从产品全生命周期的角度考虑企业各种成本，尽最大可能为企业提供"有利可图"的现代产品；另一方面，要从消费者的角度出发，产品设计应在满足消费者物质功能和精神功能的基础上，保证消费者在合理的成本上进行消费。

1.2.4　美观性

产品的美观性是指产品的造型美，即产品造型的精神功能所在，美观是经济实用的补充。产品的美观性包括形式美、材质美、时代性和社会性。

1．形式美

形式美是造型美的重要组成部分，是产品视觉形态美的外在属性，也是人们平时所说的外观美。

2．材质美

产品因材质不同，而表现出不同的美感，给使用者带来不同的心理感受。

3．时代性

审美情趣随着时代的发展在不断变化，产品设计师需要不断从本质上和形式上感受时代的变迁，运用形态、色彩、材质表现人们内心的期盼。

4．社会性

不同性别、年龄、职业、文化、地域、民族的人在审美观念等方面是不相同的。因此，必须区分各种人群的需要和爱好。

1.3　产品造型设计的影响因素

产品的造型、功能、结构、技术等是相互影响的。一个成功的产品造型设计需要考虑众多因素，才能使产品表达更完善，更好地获得消费者的青睐。产品造型设计应考虑产品本身因素、人机因素、环境因素等。

1.3.1　产品本身因素

产品的结构、功能、体量、形态、线型、方向与空间、色彩、材质、工艺、技术等都影响着产品造型。以体量为例，体量是指产品的体感分量，即形体的大小与轻重。在造型上，体量的分布与组合直接影响产品的形态和结构。相机的体量是前重后轻，重心主要分布在镜头上。在产品造型设计时要考虑这一点，通过加大、加宽控制面板的设计调整体量分布，让相机在视觉上更为协调（图 1-9）。再以线型为例，产品造型的线型包括视向线和实在线，视向线是指不同视向的轮廓线，实在线是指装饰线、分割线、亮线、压条线等客观存在的线。线型设计直接影响产品的质量和外观艺术效果。我们来分析科沃斯吸尘器，它的侧面、45°角及背面，每个角度轮廓线都是美观大气的（图 1-10）。我们在设计产品造型时要注意产品每个角度的视向线的美观性，才能设计出更符合大众审美的产品。

图 1-9　佳能相机 EOS 550D

1.3.2　人机因素

人的感觉器官包括眼睛、耳朵、鼻子、舌头、皮肤和肢体等。它们对产品都有不同的认知能力，产品的造型设计要符合人的认知心理，从人机角度考虑，为人服务。

1. 产品造型设计符合使用者的视觉需求

产品的视觉效果是吸引消费者的主要渠道，设计师通过研究使用者的视觉喜好、视觉舒适性，设计造型和谐的产品形态，结合形态的美学法则给人以舒适、宁静、宽广或充满韵味、引人遐想等视觉感受。

图 1-10　科沃斯吸尘器

2．产品造型设计符合使用者的听觉及肤觉需求

在听觉方面，造型设计中可以减少噪声，提高使用者的听觉感受；在肤觉方面，与人接触的产品需要注重其触感，不同类型的产品通过设计其肌理来表达与人的接触情况，以及优化人对产品触摸的心理感受。如磨砂表面、硅胶表面、裂纹表面、光洁表面等都能迎合不同的肤觉需求。

3．产品造型设计符合使用者的机体感觉需求

人们在平时的运动中，并不留意自身的平衡或机体感觉。但是，长时间的重复工作，会使机体受到损伤，如颈椎病、肩周炎、扳机指、关节炎等，适当的、更适合人们机体工作或运动的产品造型能缓解这些机体损伤。

4．产品造型设计符合使用者的知觉需求

当人们置身琳琅满目的产品中，人的感觉器官会受到各个方面的刺激，如产品的形态、色彩、声音、气味、质感等。但是，人们通常会做出周全的考虑，不会仅因为某个属性轻易做出选择，会有一个综合的知觉告知消费者把各个属性整合起来，指导人们选择产品。人们对产品的知觉也是产品造型设计给人总体的感觉。

1.3.3　环境因素

环境因素主要体现在产品的污染性及产品与其存在空间的相互关系上。设计师在设计产品造型时，应遵循四个原则：一是"适当"原则，选择适当的材料和技术，可以减轻产品对环境的污染；二是"减少"原则，通过减少材料、减少能耗达到减少废物排放的目的；在引导消费领域，通过造型设计改变消费者的生活方式，引导消费者绿色消费，适度消费；三是"重用"原则，在设计产品过程中，使用标准尺寸的零件让产品能重复利用，减少一次性产品设计，促进耐用消费品的使用；四是"循环"原则，即原材料或产品的可回收利用。

在环境因素的影响下，产品造型偏向了"简洁"审美设计风格。第一，在保证功能的前提下保证选择的材料可以回收，如生物材料；第二，"少即是多"，轻量化和简单化的产品；第三，简化和优化核心功能；第四，结构简单，容易生产，容易组合等。如图1-11所示，生活用品设计采用纸浆材质，纸浆材料可降解、质轻、色彩朴素，整套设计造型风格给人以简洁、素雅的感受。用可回收的材料再设计制造也是不错的环保方式，如用可回收的木材重新设计制作玩具，让材料重复利用以发挥最大的作用（图1-12）。

图 1-11　纸浆材质的生活用品

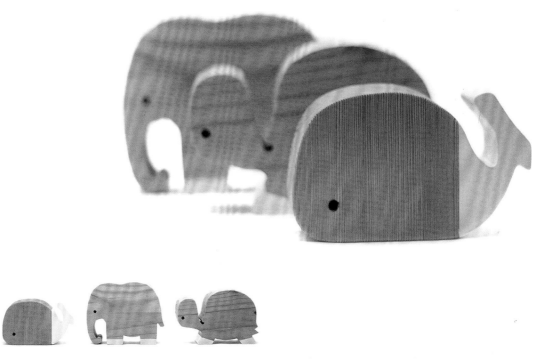

图 1-12　用可回收木材制作的环保玩具

1. 根据产品本身的影响因素（结构、功能、体量、形态、线型、方向与空间、色彩、材质、工艺、技术）分别收集相关的产品并做详细分析。

2. 根据产品的人机因素（视觉、听觉、肤觉、机体感觉、知觉）分别收集相关的产品并做详细分析。

3. 根据产品环境因素收集相关的产品并做详细分析。

第 2 章 | 产品形态设计

知 识 目 标 《

1. 了解产品形态的概念。

2. 掌握产品形态的基本要素。

3. 掌握形态的美学法则、形态的基本类型。

能 力 目 标 《

1. 掌握点的特点和设计应用。

2. 掌握线的特点和设计应用。

3. 掌握面的特点和设计应用。

4. 掌握体的特点和设计应用。

5. 掌握点、线、面、体的综合应用。

2.1 形态概述

2.1.1 形态的基本概念

形态包括自然形态、抽象形态、几何形态和人为形态等物质形态，还包括意识、思想、概念等非物质形态。其中，自然形态包括动物、植物、山、水、云、石等；抽象形态主要是指从别的形态中提炼出来的各种点、线、面、体等；几何形态包括三角形、圆形、方形等；人为形态包括建筑、汽车等各种人类创造的形态。

2.1.2 形态与产品造型设计的关系

在产品造型设计概念中，形态包括"形"和"态"。形是指形象、形体、形状、样子；态是指神态。产品形态是形状、材料、构造等要素所构成的"特有势态"给人的一种整体视觉感受（图 2-1）。产品的形状是针对意蕴而言的，专指形态的外部呈现形式，也就是我们的视觉和触觉接触到的物象。它包括外形式和内形式。产品的材料是设计产品的物质基础。产品的"神态"即意蕴深藏于形态内部，是整个形态的核心层。它是在长期的社会文化发展进程中积淀的，具有稳定性的意义。

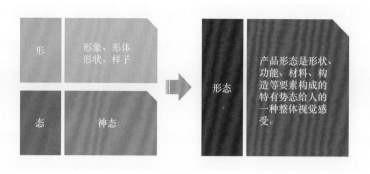

图 2-1　形态的含义

2.2　形态要素

形态的基本要素是点、线、面、体。点、线、面是平面空间的基本元素，体是立体空间的基本元素。在平面构成和平面设计中是点、线、面的应用，点、线、面的搭配可以设计出千变万化的平面形态。体元素是立体构成和立体造型的基本元素，将点、线、面立体化后与体配合就可以创造出丰富多彩的立体形态。

2.2.1　点

点是所有图形的基础。"点"在《辞海》中的解释是"细小的痕迹"。在几何学上，点只有位置，而在形态学中，点还具有大小、形状、色彩、肌理等造型元素。在自然界，海边的沙石是点，落在玻璃窗上的雨滴是点，夜幕中满天星星是点，空气中的尘埃也是点。

点在视觉感受中具有凝聚视线的特点，所以点的造型容易引起人们的注意。一方面，点具有很强的向心性，能够形成视觉的焦点和画面的中心；另一方面，点能使画面空间呈现出涣散、杂乱的状态，这是点在具体运用时值得注意的问题。

当点以有规律的形式排列时，点与点形成了整体的关系，心理上形成虚构的连接线，于是点在视觉上趋向线与面。当点以非规律性的形式排列时，这种构成往往会呈现出丰富的、平面的、涣散的视觉效果。

点在产品中的应用通常以孔的形式或按钮的形式出现，如散热孔、声孔、装饰孔、操作按键等。如 Nest 烟雾报警器采用点的渐变排列做气孔的设计（图 2-2），Apple TV 遥控器按键用点的排列设计（图 2-3）。

课件：产品形态设计
（形态要素）

图 2-2　Nest 烟雾报警器采用点的　　　　图 2-3　Apple TV 遥控器按键用点的排列设计
　　　　渐变排列做气孔的设计

2.2.2　线

线是点的运动轨迹，又是面运动的起点。在几何学中，线只具有位置和长度，而在形态学中，线具有宽度、形状、色彩、肌理等造型元素。在造型中，线比点更具强烈的心理效应。线是构成立体空间的基础，线的不同组合方式，可以构成千变万化的空间形态。

线有粗细、曲直、光滑、粗糙之分，线的形式不同给人们带来不同的心理感受。粗线给人以强有力的感觉，细线给人以纤弱的感觉；曲线给人以优雅的感觉，直线给人以硬直、明朗的感觉。

线通常可分为直线和曲线两大类别（图 2-4）。

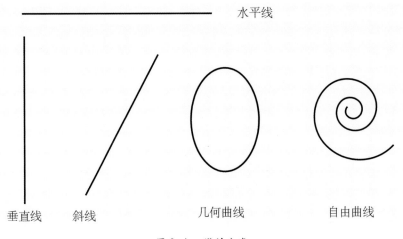

图 2-4　线的分类

1. 直线

"直线"在《辞海》中意义为"一点在平面上或空间上或空间中沿一定方向运动所形成的轨迹"。直线给人以硬直、明朗的感觉，具有男性性格，冷漠、严肃、明确而锐利。粗直线给人以钝重和力量感，细直线给人以不安定感。直线可以分为水平线、垂直线、斜线等。

（1）水平线。水平线是指向水平方向望去天和水面交界的线，是与铅垂线方向垂直的直线，泛指水平面上的直线及和水平面平行的直线。水平线保持重力与均衡，能产生横行扩展的感觉，具有很强的安定感。水平线给人以舒适、平和、安静的感觉，但是水平线是横线，相对来说缺乏动感（图 2-5）。

（2）垂直线。垂直线是指在一条直线或平面上和另一条直线或平面成90°角的直线。垂直线给人以高耸、庄严、公正、正直的感觉（图2-5）。

（3）斜线。斜线是既不水平又不垂直的直线。在所有线条中，斜线最能给人带来活力，它们相当活泼，甚至具有比垂直线更强烈的方向感和速度感。如果说水平线和垂直线的相对稳定性和力量感来自它们与重力之间的象征关系，那么斜线隐含着未确定的不稳定元素，具有未确定的张力和不稳定的冲突感。

斜线根据观察源点的不同可以分为向外倾斜线、向内倾斜线、对角线、一般斜线四类，如图2-6所示。向外倾斜线，引导视线向外发展；向内倾斜线，可以引导视线交汇集中；相交的斜线成对角线，对角线具有安定、均衡的感觉；一般的斜线具有较强的运动感，给人以动荡不安的感觉。

2．曲线

曲线是点运动时，方向连续变化所形成的线，也可以想象成弯曲的波状线。不同于直线的现代感和稳定感，曲线富有女性特征，具有柔软、优美和弹力的感觉。建筑师高迪曾说过：直线属于人类，曲线属于上帝。柔软、轻盈的曲线让建筑或产品造型富有动感和流动性。如图2-7、图2-8所示，梯田层叠流畅而富有动感的曲线，沙漠不经雕琢的自然而富有美感的曲线。曲线分为几何曲线和自由曲线两种。

（1）几何曲线。几何曲线是指有一定规律的曲线，如圆、椭圆、抛物线、双曲线等。几何曲线给人以弹性、严谨、理智、明确的感觉，同时具有机械的冷漠感（图2-9）。

（2）自由曲线。自由曲线是一种自然的、优美的、跳跃的线型，能表达丰满、圆润、柔和的概念，富有人情味。自由曲线相对几何曲线更富有变化（图2-10）。

图2-5　佐藤大 Nendo 设计工作室的黑线系列采用方形的水平线和垂直线，设计简洁而有力量

图2-6　意大利家具品牌 Valsecchi 用斜线构成的衣帽架

图 2-7　梯田曲线

图 2-8　沙漠曲线

图 2-9　Branca-Lisboa 的里斯本设计师
Marco Sousa Santos 设计的几何曲线扶手椅

图 2-10　佐藤大 Nendo 设计工作室的黑线系
列——花瓶，采用自由曲线设计，简洁优美

2.2.3　面

面在我们生活中是最常见的形态，如桌面、墙面、镜面等。在形态学中，面同样具有大小、形状、色彩、肌理等造型元素。同时，面是"形象"的呈现，面也可以称为"形"。我们将面分成几何面、不规则面、有机面三种。面有强烈的方向感，面的不同组合方式可以构成千变万化的空间形态。

1．几何面

几何面也称无机面，是用数学的构成方式，直线或曲线，或直曲线相结合形成的面。如长方形、正方形、三角形、梯形、菱形、圆形等。规则面带有理性的严谨和机械的冷漠感，易于表达抽象的概念，被广泛地运用在建筑、实用器皿的造型设计中。

（1）方形。方形是长方形和正方形的总称。方形表达垂直、水平、单纯、严肃、明确和规则的特征。平行四边形有运动倾向（图 2-11）。

（2）三角形。三角形分为正三角形、斜三角形或倒三角形。三角形给人以简洁、明确、向空间挑战的感觉。正三角形能够给人平稳安定、坚定的感觉。与正三角形相反，倒三角形表现出动态的扩张和幻想。斜三角形介于正三角形与倒三角形之间，可充分显示出生动、灵活的趋势（图 2-12）。

（3）圆形。圆形是所有形状中最简明的图形，它们既无方向又无起止，具有饱满、肯定和统一的视觉效果，能够给人以循环、滚动、运动、和谐、柔美的感觉（图 2-13）。

几何规则面设计如图 2-14 所示。

图 2-11　方形镜面 HUB

图 2-12　利用三角形切面设计的灯具

图 2-13　采用圆形设计的三星无线充电板

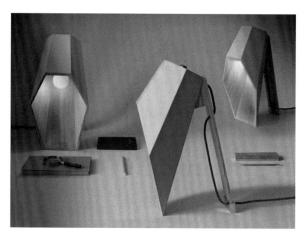

图 2-14　几何规则面设计——六角木金字塔台灯
（意大利设计师 Alessandro Zambelli 作品）

2．不规则面

不规则面是毫无规律的自由形体，包括任意形、有机形和偶然形。不规则面潇洒、随意，体现的是洒脱、自如的感觉。

（1）任意形。任意形是指人为创造的自由构成形，可随意地运用各种自由的、徒手的线型构成形态，具有很强的造型特征和鲜明的个性（图 2-15）。

（2）有机形。有机形是一种不可用数学方法求得的有机体的形态，富有自然发展的态势，也具有秩序感和规律性，具有生命的韵律和纯朴的视觉特征。如自然界的鹅卵石、枫树叶和生物细胞、瓜果外形，以及人眼睛的外形等都是有机形（图 2-16）。

（3）偶然形。偶然形是指自然或人为偶然形成的形态，其结果无法被控制，如随意泼洒、滴落的墨迹或水迹，树叶上的虫眼，无意间撕破的碎纸片等，具有一种不可重复的意外性和生动感。

丹麦设计公司 Essey Illusion 的幽灵桌用桌布的自然形态设计，打造了一张会站立的桌布，就像魔术幻影一般，突破了我们的视觉和想象力（图 2-17）。油漆灯是日本设计师 Kouichi Okamoto 设计的。在白色的铁皮壁灯下加入不规则的红色修饰，好像一桶被人碰翻的油漆正在滴落，灯具不再是静止不动的摆设，而成为抢眼的亮点，让墙壁乃至房间都生动起来（图 2-18）。

图 2-15　任意形的桌子

图 2-16　利用有机形设计的大蒜吊灯

15

图 2-17　不规则面设计——丹麦设计
公司 Essey Illusion 设计的幽灵桌

图 2-18　设计师 Kouichi Okamoto 设计的油漆灯

2.3.4　体

体是具有长、宽、高三维空间的封闭实体。体和
量是相互依存的，体是体积，量是容积、大小、数
量、质量等。体的尺度差异产生自然属性的差异，以
及这些差异对体形态的影响。大而厚的体量给人以浑
厚、稳重的感觉，小而薄的体量则给人以轻盈、漂浮
的感觉。体主要分为几何体和非几何体两类。

1．几何体

（1）几何平面体。几何平面体是 4 个及以上的平
面，以其边界直线相互衔接在一起所形成的空间封闭
的实体。如正三棱锥、正立方体、长方体等。几何平
面体能表现出简练、大方、稳重、严肃、沉着的感觉。

（2）几何曲面体。几何曲面体是由几何曲面构成
的回转体，如圆球、圆环、圆柱等。几何曲面体秩序
感较强。

2．非几何体

（1）自由曲面体。自由曲面体是由自由曲面所构
成的立体造型，自由曲面体如花瓶、酒瓶等一般成回
转体形态，大多数造型是对称的，既能表达端庄的一
面，又能表达活泼优美的一面（图 2-19）。

（2）自然体。自然体包括有机体和无机体，有机
体是具有生命的个体的统称，其包括植物和动物；无机
体是无生命个体的自然形态体，如鹅卵石（图 2-20）。
自然体能够表现朴实而自然的形态。

图 2-19　俄罗斯设计师 Dmitry Patsukevich 设计的牛奶瓶　　　　　图 2-20　鹅卵石造型的三星 MP3

2.3　形态要素的项目设计

2.3.1　线的设计应用

题目 1：用直线或曲线设计一个产品造型，画出其表现效果图。

学生作品 1：用直线元素、木质材料构成几何形完成桌子的设计（图 2-21）。

学生作品 2：用优美的曲线形态设计的台灯，台灯同时具备收纳功能（图 2-22）。

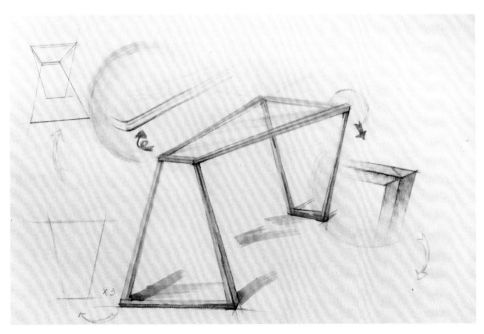

图 2-21　学生作品 1：直线设计　桌子

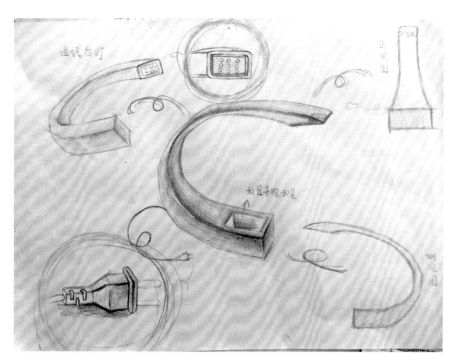

图 2-22　学生作品 2：曲线设计　台灯

2.3.2　面的设计应用

题目 1：利用规则面设计一款有坐具功能的书架（书架功能的坐具）。

学生作品：对规则矩形面切割，构成四个单体，拼起来成一张桌子，分开来每个单体具有书架功能，也可以当成椅子（材料：木板）（图 2-23）。

题目 2：利用规则面设计一款挂钟（材料：木板）。

学生作品 1：对规则圆面进行切割，有层次地拼贴在一起，配上邻近色和渐变色（图 2-24）。

学生作品 2：对三角形、圆形的面元素进行切割，有层次地拼贴在一起，配上对比色（图 2-25）。

题目 3：利用规则面设计一款灯具（材料：瓦楞纸）

学生作品：用瓦楞纸板裁成纸板块，折合、卡嵌成一体，形成小人形态，简洁可爱（图 2-26）。

图 2-23　学生作品：规则面的切割应用

图 2-24　学生作品 1：规则面设计——挂钟　　　　图 2-25　学生作品 2：面的切割——挂钟

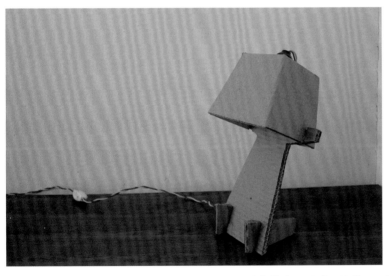

图 2-26　学生作品：规则面设计——灯具

2.3.3　体的设计应用

题目：用几何体（切割、加减等方式）设计一套调味瓶。

（1）小组每人设计一个方案。

（2）小组选出最佳方案用纸或其他材料制作 1∶1 模型。

学生作品 1：用长方体的切割配合美国超级英雄人物的造型设计一套调味瓶，根据不同超级英雄人物的特色进行不同的切割，恰到好处地展现超级英雄人物的力量感（材料：PVC 板）（图 2-27）。

学生作品 2：用长方体、三棱柱体切割，构成简洁有力的几何形态。配合色彩和图案完成一套调味瓶设计（材料：PVC 板）（图 2-28）。

图 2-27　学生作品 1：体的切割——调味瓶

图 2-28　学生作品 2：体的切割——调味瓶

2.3.4　点、线、面、体的综合应用

题目：利用点、线、面、体设计一款挂钟。

学生作品：利用规则的菱形体进行重复排列，利用山形自然体穿插在菱形体中央，形成对比，再配上细直的白线，和渐变的蓝色，让挂钟在形态和色彩上形成对比和碰撞（材料：PVC 板、纸巾、白乳胶）（图 2-29）。

图 2-29　学生作品：点、线、面、体的
综合应用——挂钟

产品形态的美学法则是人们在长期的生活、生产实践中，总结大自然中美的规律，感受美的形式，并加以概括、提炼、创造和不断完善而形成的。

产品形态的美学法则主要有对比与调和、比例与尺度、均衡与稳定、统一与变化、节奏与韵律、比拟与联想等。

2.4.1　　对比与调和

形状越接近越调和，大小越接近越调和。形状迥异、差距大，大小相差悬殊则对比强烈。形状复杂的产品造型要采用调和的方法避免过于烦琐，相反，形状规则的产品造型要采用对比的手段避免过于单调。儿童用品、玩具等，形体与色彩鲜明对比，能吸引儿童的注意力，促进他们的色彩认知。老年人用品多采用调和的形态和色彩，能让老年人在使用的时候情绪稳定，不易引起视觉疲劳。如图2-30、图2-31所示，色彩丰富的儿童平衡车，色彩柔和、形态协调的老年人血糖仪，都是根据各类人群的特点采用对比与调和的方式设计的。

形成对比的因素有很多，如黑白、曲直、动静、隐现、

课件：产品形态设计
（形态美学法则）

图2-30　儿童平衡车

图2-31　老年人血糖仪

厚薄、高低、大小、方圆、粗细、亮暗、虚实、红绿、刚柔、浓淡、远近、轻重、冷暖、横竖等。可以将其归类为形状对比、排列对比、色彩对比、材质对比、强调重点部位对比等。

调和主要包括比例与尺度的调和、线型风格的调和、色彩的调和等。比例与尺度的调和是指产品组成部分或整体的比例、尺度尽量相等或相近。线型风格的调和是指产品的大轮廓、局部结构线型、零件线型等的调和。

日本东京 6474 设计事务所受书本启发而设计的"翻页椅（Pages Chair）"（图 2-32），具有丰富想象力的设计使椅子与使用者之间产生了有趣的互动。设计师采用了几组对比让产品给人留下深刻印象，分别是材质的对比（布质与木质）、形状的对比（面与线）以及色彩的对比（缤纷色彩与原木色）。徕卡 M10-P 相机黑色的机身采用了两种材质和纹理的对比，让相机看起来更有质感（图 2-33）。红木 U 盘采用了相似的形态调和，不同细节和色彩对比，让 U 盘看起来既有各自的特色又成一系列（图 2-34）。

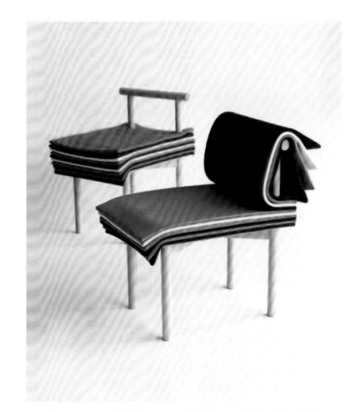

图 2-32　日本东京 6474 设计事务所设计的"翻页椅"

图 2-33　徕卡 M10-P 相机

图 2-34　红木 U 盘

对比与调和的方法也常常用在系列产品设计中，如折纸花瓶，用相同的折纸表现形式呈现在花瓶的外观上，每一个花瓶在高低比例上做变化，形成了一组有和谐美的花瓶（图 2-35）。再如 INS 风粉蓝渐变陶瓷餐具的设计，餐盘、杯子、碗及刀叉都使用了粉蓝渐变色搭配金色边沿或手柄的方式。用共同的调和元素进行组合，提高了系列感与调和感（图 2-36）。

图 2-35　折纸花瓶　　　　　　　　　　图 2-36　INS 风粉蓝渐变陶瓷餐具

2.4.2　节奏与韵律

节奏与韵律的概念来自音乐。音乐的节奏常被比喻为音乐的骨骼；韵律并不只存在于音乐中，也存在于其他的艺术媒介中，如舞蹈、美术、建筑、摄影、艺术体操和一些体育项目等。在建筑艺术中，群体的高低错落、疏密聚散，建筑个体中的整体风格和具体建构，都有其"凝固的音乐"般独具特色的节奏韵律。万里长城那种依山傍水、逶迤蜿蜒的律动，按一定距离设置烽火台遥相呼应的节奏，表现出矫健雄浑、宏伟壮阔的飞腾之势，富有虎踞龙盘、豪放刚毅的韵律之美。北京的天坛祈年殿层层叠叠、盘旋向上的节奏，欧洲的哥特式建筑处处尖顶、直刺蓝天的节奏，均表现出不断升腾、通达上苍的韵律感。可见，韵律是构成形式美的重要因素。

产品造型中的节奏表现为造型要素有秩序地进行，如起伏、交错、渐变、重复等有规律的变化。产品造型韵律是造型元素以节奏为基础的有规律的变化。

1. 重复韵律

重复韵律是由一个或几个单位组成的，并按一定距离连续重复排列而形成的韵律。在产品造型中的重复韵律是某个基本形横竖等有规律的重复表达。

设计师 Foeckler 设计的重复切面的木质落地灯，能很好地体现重复韵律的美感（图 2-37）。Foeckler 研

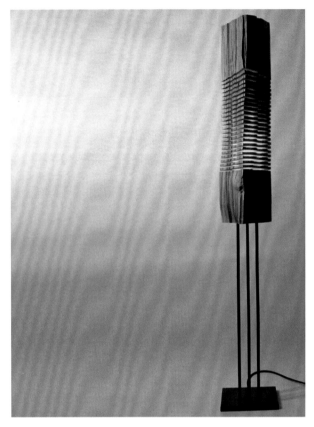

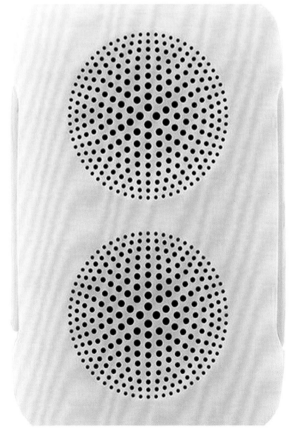

图 2-37 Foeckler 设计的木质落地灯

图 2-38 大小的渐变韵律

究木材的切面的纹理和外在的形状，在加利福尼亚州的森林里寻找各种木材进行试验。他发现不同的切割技术会形成不同的奇异效果，切面的重复使得木材本身更加错综复杂又有序可循。和 LED 结合后，木质灯呈现出一种极简主义的高贵和美感。

2. 渐变韵律

渐变韵律是指以类似的基本形或骨骼，渐次地、循序渐进地逐步变化，呈现一种有阶段性的、调和的秩序。渐变形式是多方面的，包括大小的渐变、间隔的渐变、方向的渐变、位置的渐变和形象的渐变等。

（1）大小的渐变：依据近大远小的透视原理，将基本形做大小序列的变化，给人以空间感和运动感。在广告设计中，采用大小的渐变方法，可以使画面更具有张力和延伸度（图 2-38）。

（2）间隔的渐变：按一定比例渐次变化，产生不同的疏密关系，使画面呈现出明暗调子。采用大小和间隔的双重渐变方法，可以增强画面的节奏感和韵律感。

（3）方向的渐变：将基本形做方向、角度的序列变化，使画面产生起伏变化，增强了画面的立体感和空间感。采用方向的渐变方法，可以增加画面的空间感，给人以一种韵律美。

（4）位置的渐变：将部分基本形在画面中的位置做有序的变化，会增加画面中动的因素。运用依次改变角度的方法，可以增加画面的起伏感。

（5）形态的渐变：形态的渐变是指从一种形态逐渐过渡到另一种形态的手法，可以增强画面的欣赏乐趣。

除此之外，渐变形式还包括自然形态的渐变、色彩的渐变、明度的渐变等，在实际运用中,我们可以将这些形式结合运用,以取得更加丰富且具有变化的造型效果。

由保尔·汉宁森设计的 PH 系列灯具中,最著名的是 PH Artichoke 灯具,也就是常说的松果灯(图 2-39)。它诞生于 1958 年,全灯有上下 12 层,每层 6 片,一共 72 片金属叶片,第一盏松果灯至今仍然挂在哥本哈根的 Langelinie Pavillonen 餐厅。松果灯每一片叶片的位置都是经过精确计算的,确保它待在该在的位置,通过叶片的方向渐变,光线既能被反射出去,又不会刺眼。Tema Design 设计的椅子由五根弯曲成型的曲木作为靠背,以弧线金属支架作为椅脚,造型大方简洁。五根曲木的排列以方向的渐变与形态的渐变结合,产生了韵律美感(图 2-40)。

3.起伏韵律

起伏韵律是渐变周期的反复,即在总体上有波浪式的起伏变化。这种有高潮的韵律效果称起伏韵律。

Easy Edges 系列家具是加拿大设计师 Frank Gehry 1972 年设计的,该系列成功地为纸板等日常材料引入新的美学尺寸,标志性的凳子和椅子结实耐用,为任何室内装饰增添了醒目的音符。图 2-41 是该系列的 Wiggle Stool 及 Wiggle Sides,是利用瓦楞纸板设计制作的。两件产品都采用了起伏韵律,体现出瓦楞纸带来的节奏美。

波浪球吊灯采用波浪起伏的韵律汇聚在一个球体上,配上洁白的 PVC 材质,淡黄色的灯光从中朦胧地透出来,使这种美感令人过目不忘(图 2-42)。

4.交错韵律

交错韵律是有规律地纵横穿插排列所产生的韵律。交错韵律是造型中运用各种

图 2-39 保尔·汉宁森设计的 PH Artichoke 灯具

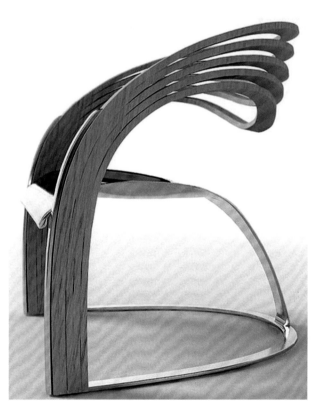

图 2-40 Tema Design 设计的椅子

造型元素（如体量的大小、空间的虚实、细部的疏密等）相互穿插形成的一种丰富的韵律感。这种手法常被用于建筑物中和各种家具装饰品之中（图2-43、图2-44），例如，西班牙巴塞罗那博览会德国馆，无论是空间布局还是形体组合，都运用了交错韵律而取得了丰富的效果。交错韵律应用在产品中也能产生层次丰富的视觉美感。

图 2-43　灵动管子椅

图 2-41　Frank Gehry 的 Easy Edges 系列
　　　　　瓦楞纸家具

图 2-42　波浪球吊灯

图 2-44　荷兰设计师 J.P.Meulendijk
　　　　　设计的乱码挂钟

2.5 形态美学法则的项目设计

2.5.1 对比与调和

题目：用对比与调和的美学法则设计一组花瓶。

学生作品 1：采用动物耳朵做瓶口设计，猫耳朵、兔耳朵、猪耳朵三种动物耳朵做协调与对比的元素。花瓶瓶身均采用长瓶颈配带状花纹设计，给花瓶增添形态美（图 2-45）。

学生作品 2：利用三维形态与二维形态结合方式设计三个花瓶，每一个花瓶均是以二维平面的造型环绕着三维立体的形状，使花瓶的系列感增强。立体部分拥有各自的形态作为对比（图 2-46）。

学生作品 3：采用陶瓷与藤编材质的搭配，两材质的交接处为波浪线，瓶颈到瓶口处做了一个挖空。对比的元素是每个单独的花瓶形态不一。整组产品风格鲜明（图 2-47）。

2.5.2 节奏与韵律

题目 1：用节奏与韵律的形态美学法则设计一组灯具。

学生作品 1：采用铁艺的造型、重复错落的节奏韵律，配上温馨的黄光形成美感（图 2-48）。

学生作品 2：利用错位环绕渐变的环形组成吊灯，具有别致的视觉冲击感，由内而外散发出来的光线同时赋予灯具以韵律美感（图 2-49）。

学生作品 3：使用弯曲成型工艺将木片与 LED 灯结合，造型做起伏的变化，让灯具充满韵律美（图 2-50）。

题目 2：用节奏与韵律的形态美学法则设计一个挂钟。

学生作品 1：利用彩铅的笔头重复排列成一有机形态作为钟面，配上彩铅的渐变色彩及 LED 时间显示，使挂钟具有独特的美感（图 2-51）。

学生作品 2：利用面条的起伏交错构成钟面，刀叉作为时针和分针，创意新颖而有个性（图 2-52）。

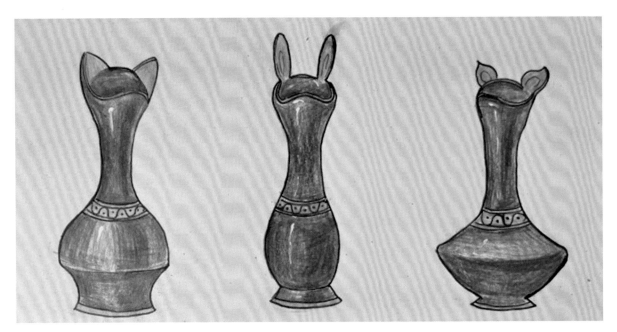

图 2-45　学生作品 1：对比与调和的花瓶设计

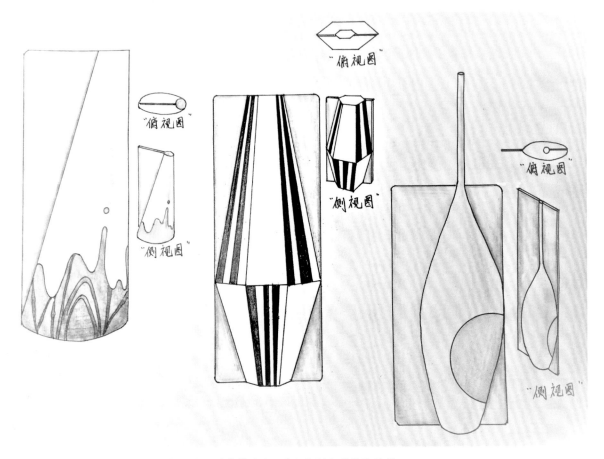

图 2-46　学生作品 2：对比与调和的花瓶设计

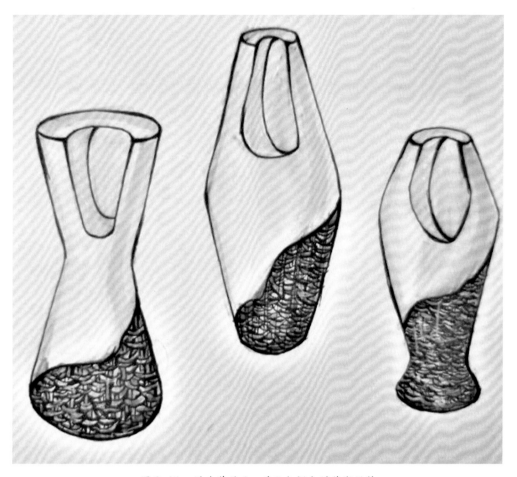

图 2-47　学生作品 3：对比与调和的花瓶设计

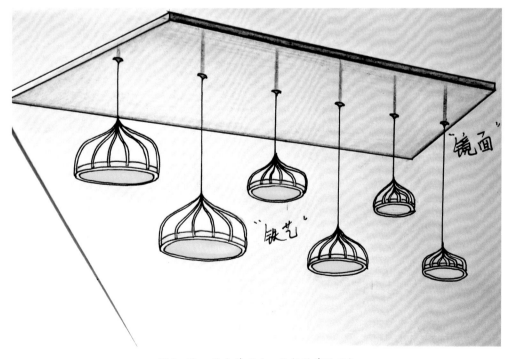

图 2-48　学生作品 1：重复韵律的吊灯

图 2-49　学生作品 2：渐变韵律的吊灯

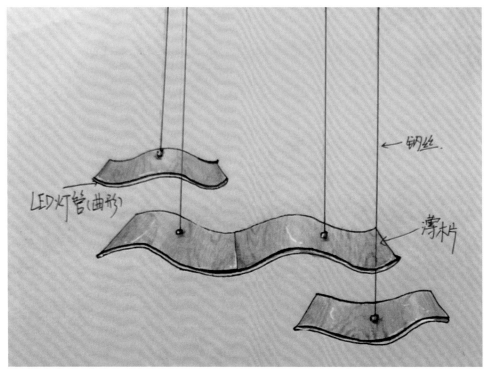

图 2-50　学生作品 3：起伏韵律的吊灯

图 2-51　学生作品 1：重复与渐变韵律的挂钟

图 2-52　学生作品 2：交错韵律的挂钟

1. 用直线或曲线设计一个产品造型，画出其表现效果图。

2. 利用规则面设计并制作一款有坐具功能的书架（或有书架功能的坐具）（参考材料：瓦楞纸板、PVC 板）。

3. 利用规则面设计并制作一款挂钟（参考材料：木板）。

4. 利用规则面设计并制作一款灯具（参考材料：瓦楞纸）。

5. 用几何体（切割、加减等方式）设计一套调味瓶。

（1）小组每人设计一个方案。

（2）小组选出最佳方案用纸或其他材料制作 1 : 1 模型。

6. 综合利用点、线、面、体设计一款挂钟。

7. 用对比与调和的美学法则设计一组花瓶，绘制其表现效果图。

8. 用节奏与韵律的形态美学法则设计一组灯具，绘制出其表现效果图。

扫一扫　巩固更多课堂知识

第 3 章　产品造型仿生设计

知识目标 《

1. 了解仿生学与仿生设计。

2. 了解仿生设计的意义

3. 了解仿生设计在情感化设计中的应用。

能力目标 《

1. 掌握功能仿生设计的应用。

2. 掌握形态仿生设计的应用。

3. 掌握结构仿生设计的应用。

4. 掌握肌理仿生设计的应用。

5. 掌握色彩仿生设计的应用。

6. 掌握仿生对象特征的收集与整理的方法。

7. 掌握仿生设计基本步骤与方法。

8. 掌握仿生设计中情感化设计的方法。

3.1　仿生学与仿生设计

课件：产品造型仿生设计

大自然是人类生存与发展的一切源泉。从人类有意识地进行造物活动开始，便不断地模仿自然，向大自然学习。经过长期的经验积累，仿生的设计理论与方法被人们广为接受并应用于各个领域。

3.1.1　仿生学

仿生学是一门既古老又年轻的学科。人们研究生物体的结构与功能工作的原理，并根据这些原理发明出新的设备、工具和科技，创造出适用于生产、学习和生活的先进技术。仿生学是连接生物与技术的桥梁。例如，令人讨厌的苍蝇，与宏伟的航天事业似乎风马牛不相及，但仿生学却将它们紧密地联系起来了。根据苍蝇嗅觉器官的结构和功能，仿制出一种十分奇特的小型气体分析仪。这种仪器的"探头"不是金属，而是活的苍蝇。具体做法是把非常纤细的微电极插到苍蝇的嗅觉神经上，将引导出来的神经电信号经电子线路放大后，送给分析器；分析器一经发现气味物质的信号，便能发出警报。这种仪器已经被安装在宇宙飞船的座舱里，用来检测舱内气体的成分。这种小型气体分析仪，也可测量潜水艇和矿井里的有害气体。利用这种原理，还可改进计算机的输入装置和气体分析仪的结构。

3.1.2 仿生设计

仿生设计是以仿生学的研究为基础，逐步形成的一种新的设计方法，是仿生学在设计中的应用。仿生设计是人类社会生产活动与大自然的交会点，正不断地为人类创造更加宜人、理想的生活方式，使人类社会与自然做到真正的和谐共生。

1. 仿生设计的起源与发展

自然界将无穷的信息传递给人类，启发了人类的智慧，丰富了人类的才能。人类在认识世界、改造世界的过程中，始终伴随着对自然界不同程度的模拟与仿生。古今中外的许多研究者都在不断尝试将自然界的形态和功能应用于人类的产品。例如，商朝晚期青铜礼器四羊方尊是祭祀用品。尊的中部是器的重心所在，肩、腹部与足部作为一体被巧妙地设计成四只卷角羊。肩部四角是四个卷角羊头，羊头与羊颈伸出器外，羊身与羊腿附着于尊腹部及圈足上。整器花纹精丽，线条光洁刚劲（图3-1）。再如，商朝晚期的盛酒器鸮卣，以两只相背而立的鸮为仿生设计的对象。盖为双鸮首，尖喙弯眉，身下为四爪，两两相背。盖腹相合，两鸮昂首背立（图3-2）。该种盛酒器实用且造型精美，可见仿生设计在古代已是较常使用的一种设计手法。

仿生设计学与传统的仿生学成果应用不同，它是以自然界万事万物的"形""色""音""功能""结构"等为研究对象，有选择地在设计过程中应用这些特征原理进行的设计，同时结合仿生学的研究成果，为设计提供新的思想、新的原理、新的方法和新的途径。在某种意义上，仿生设计学可以说是仿生学的延续和发展，是仿生学研究成果在人类生存方式中的反

图 3-1 商朝晚期青铜礼器四羊方尊

图 3-2 商朝晚期盛酒器鸮卣

映。仿生设计学作为人类社会生产活动与自然界的交集点，使人类社会与自然达到高度的统一，正逐渐成为设计发展过程中新的亮点。

2．仿生设计的研究内容

仿生设计的研究内容包括自然科学领域的仿生设计、社会科学领域的仿生设计、艺术设计领域的仿生设计。这是基于对所模拟生物系统在设计中的不同应用而分类的。归纳起来，仿生设计学的研究内容如下：

（1）形态仿生设计学研究的是生物体（包括动物、植物、微生物、人类）和自然界物质存在（如日、月、风、云、山、川、雷、电等）的外部形态及其象征寓意，以及如何通过相应的艺术处理手法将之应用于设计之中。

（2）功能仿生设计学主要研究生物体和自然界物质存在的功能原理，并用这些原理去改进现有的或建造新的技术系统，以促进产品的更新换代或新产品的开发。

（3）视觉仿生设计学研究生物体的视觉器官对图像的识别、对视觉信号的分析与处理，以及相应的视觉流程。它被广泛应用于产品设计、视觉传达设计和环境设计之中。

（4）结构仿生设计学主要研究生物体和自然界物质存在的内部结构原理在设计中的应用问题，适用于产品设计和建筑设计。其研究最多的是植物的茎、叶以及动物形体、肌肉、骨骼的结构。

3.2　产品仿生设计的应用

3.2.1　功能仿生

产品仿生设计中的功能仿生即指通过研究生物体和自然界物质存在的功能原理，并使用这种原理去改进现有的或者建造新的技术系统，以促进产品的更新换代或新产品的开发。功能仿生的核心是对功能原理的模仿，这可能表现为某种形态特征，也可能表现为某个器官构造、形态特征或某种生物材料。功能原理可以简单分为生物学原理、运动学原理、动力学原理、综合性原理四类。

仿生对象有不同的门类，植物、动物、微生物各有不同的功能侧重。例如锯子的设计，相传锯子是鲁班意外被茅草叶子刮伤，从而受到启发创造出来的。因为他发现茅草叶子两边原来长着锋利的齿（图3-3），他想，如果像茅草那样，打成有齿的铁片，不就可

以锯树了吗？于是，他就和铁匠一起试制了一条带齿的铁片，拿去锯树，果然成功了（图3-4）。又如，屋顶瓦楞是仿照了动物脊柱弯曲形成的拱形结构和动物鳞片的功能原理制成的（图3-5）。拱形结构可以承受巨大的压力而不变形。模仿动物鳞甲的主要目的是排水顺畅，不存水，防渗漏；其次还有美观大方的优点（图3-6）。

在细微结构功能仿生方面，荷叶的表面细微结构是最出名的一个例子。众所周知，水滴落在荷叶上会形成近似圆球形的白色透明水珠滚来滚去而不浸入荷叶，原来，在荷叶的表面有非常多微小的乳突，乳突的平均大小约为10 μm，这种乳突结构被称作多重纳米和微米级的超微结构。乳突在荷叶表面上犹如一个挨一个隆起的"小山包"，"小山包"之间的凹陷部分充满空气，这样就在叶面上形成一层极薄的，只有纳米级厚的空气层。水滴最小直径为1～2 mm，这相比荷叶表面的乳突要大得多，因此雨水落到叶面上后，隔着一层极薄的空气，只能同叶面上"小山包"的顶端形成几个点的接触，从而不能浸入荷叶表面（图3-7）。利用这个结构原理，还可以开发出一些仿荷叶的纳米材料和产品，例如，荷叶织物、荷叶防水漆、荷叶防水玻璃等，还有我们熟悉的物理不粘锅（图3-8）。

图3-3　茅草上的齿

图3-4　锯子的齿

图3-5　屋顶瓦楞

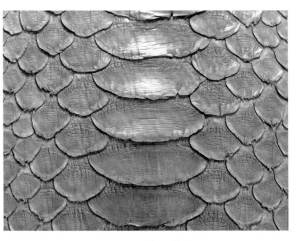

图3-6　动物鳞片

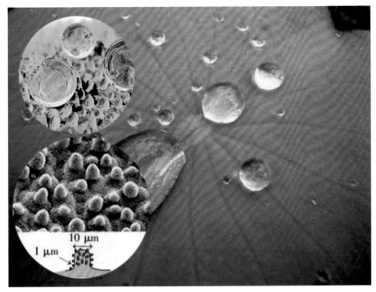

图 3-7　荷叶表面的细微结构　　　　　　　　　　图 3-8　物理不粘锅

3.2.2　形态仿生

1. 形态仿生设计的内容

形态仿生是产品仿生设计中应用较为普遍的一种仿生形式。形态仿生强调对生物外部形态美感特征的抽取整理，并且寻求对产品形态的突破与创新。产品设计中的形态仿生即指在产品设计过程中，设计师将仿生对象的形态特征经过简化、抽象、夸张等设计手法应用到产品外观上，使产品外观和仿生对象产生某种呼应和关联性，最终实现设计目标的一种设计手法。

形态仿生根据仿生对象的不同可以分为自然形态和人为形态。自然形态包括有机形态和无机形态。其中，有机形态包括动物形态、植物形态、微生物形态（图 3-9）。动物形态和植物形态是人类用于仿生设计最常用的形态，如蝴蝶椅设计、仙人掌仿生设计系列。蝴蝶椅根据蝴蝶的经络设计出形态优美的造型（图 3-10）。仙人掌仿生设计系列主要包括牙签盒、触控台灯和磁力回形针座三件产品（图 3-11）。每件产品都采用了简化的仙人掌形态，造型简洁而富有趣味性。

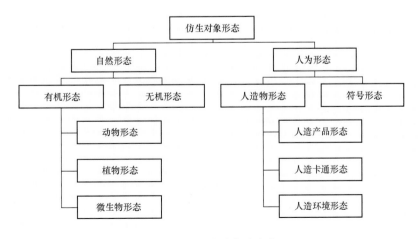

图 3-9　仿生对象的分类

（a）

（b）

图 3-10　形态仿生——蝴蝶椅

图 3-11　仙人掌仿生设计

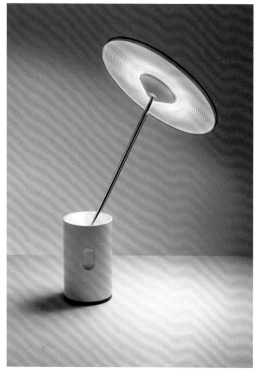

图 3-12　Artemide 伞状 LED 台灯

　　人为形态仿生包括人造物形态仿生和符号形态仿生。人造物形态主要包括人造产品形态、人造卡通形态、人造环境形态。雨伞属于人造产品形态，Artemide 伞状 LED 台灯就是仿造了雨伞的形态。该台灯是设计师 Justin Marimon 和 Scott Wilson 为著名灯具品牌 Artemide 设计的。仿雨伞形态能提高 LED 台灯的利用效率，最大限度地节约光亮，用于需要照亮的地方。顶部的伞状 LED 灯可以轻松优雅地实现 360°旋转，且照明范围很大，被照亮的地方也会得到充足的光源，底座是像伞柄的圆柱形，可以减小占地面积，适合放在书桌上、床头上等面积比较小的地方（图 3-12）。人造卡通形态如迪士尼米妮蓝牙耳机，是模仿迪士尼的卡通角色米妮的形态设计的耳机造型（图 3-13）。人造卡通形态仿生又称为动漫衍生品设计，是以动漫 IP 形象为原型，通过改良，设计出一系列产品。它是将虚拟形象落实于生活与生产的具体表现，是动漫受众能够亲密接触自己喜爱的 IP 形象的一种重要方式。人造环境形态仿生是以人为的建筑环境等作为仿生的对象，很多城市的文创设计都属于人造环境形态仿生设计。如图 3-14 中故宫的文创产品——故宫午门尺子，采用的就是故宫建筑午门的造型。

　　符号形态主要包括文字与图形。文字通常指人们通过书面语等表达意思的视觉形式。文字是人类能进入有历史记录的文明社会的标志，是把时空的影像变化转码成视觉可见的符号系统的主要载体。

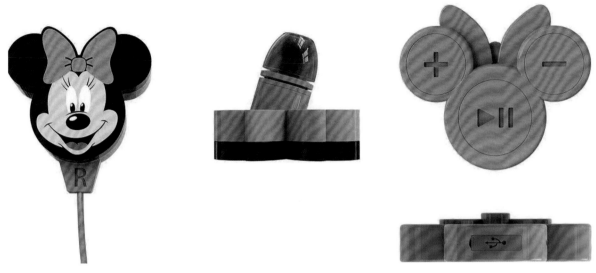

图 3-13　迪士尼米妮蓝牙耳机

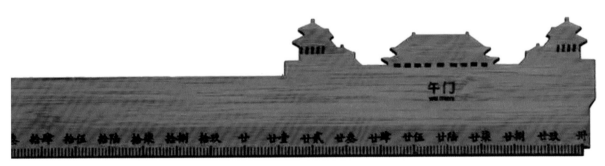

图 3-14　故宫文创产品——故宫午门尺子

每个国家都有自己独特的文字，如中国的汉字、韩国的谚文、日本的片假名与平假名、英国的英文字母等。如图 3-15、图 3-16 所示的文字耳机绕线器、茶趣文字杯垫就采用了文字仿生设计。耳机绕线器用缺少笔画的文字作为产品造型，耳机线绕上去后刚好补全了文字笔画，展现了汉字的趣味。文字杯垫则是用文字的笔画呈现了美感承载在杯垫的载体上。图形符号是指以图形为主要特征，用以传递某种信息的视觉符号。图形符号包括通用性图形符号、图像性图形符号。通用性图形符号有公共信息图形符号、城市公共交通标志、设备用图形符号、天气图形符号等，如图 3-17 所示。图像性图形符号有自然物简化图形、抽象图形等。如简化的鱼的造型就是自然物的简化图形，而太极图形、爱心图形属于抽象图形。图 3-18 所示的太极茶盘采用了太极的图形，表达了清心与万物皆空的心境。

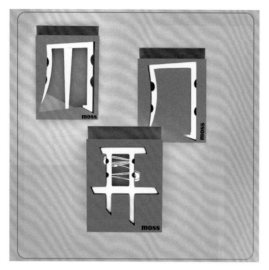

图3-15　文字耳机绕线器（学生作品）　　图3-16　茶趣文字杯垫（学生作品）

图3-17　通用性图形符号

图3-18　太极茶盘

2．产品形态仿生设计要点

（1）在形态仿生对象的选择方面，仿生对象与产品最好有着某种关联性。在形态设计中，仿生对象与产品造型存在关联性能更好地表达产品、体现产品的功能和传递产品的趣味性。如刺猬笔插，以刺猬为仿生对象，刺猬浑身长着半寸长的硬刺，笔插在刺猬的背上犹如这些硬刺。我们在拔出笔的时候，刺猬的刺减少，插满笔时，刺猬的小脑袋就会藏在硬刺下边，使刺猬变得圆滚滚的（图3-19）。这样的关联加深了使用者对产品的印象。

（2）在形态仿生对象的认知方面，选择恰当的仿生对象，让人产生正确认知。利用形态仿生时需要注意选择的仿生对象是否能传递给人正确的认知。例如，人形刀架的设计，仿造人的造型作为刀架，五把刀插在人身上，带有低俗趣味，是错误的引导，是一个给消费者带来错误认知的设计（图3-20）。相比之下肺形烟灰缸的设计是能让人产生正确认知的仿生设计，当人们使用该烟灰缸时，直观地看到烟灰落入"肺"中，正在污染肺部，深刻地传递了吸烟危害健康的理念（图3-21）。

（3）在仿生对象抽象简化过程中，需要把握程度。形态仿生常用的方法是抽象与简化，应根据产品的特点把握抽象简化程度。天鹅LED灯对天鹅进行了简化，但鹅的比例形态还是保留了下来，让人一眼就看出是天鹅的仿生设计（图3-22）。天鹅椅利用天鹅的形态做了抽象与简化，看起来不那么像天鹅，但能够使人感受到天鹅的神韵。抽象与简化的程度不同，给产品带来了不一样的生命力（图3-23）。

图3-19　刺猬笔插

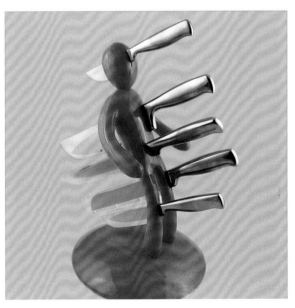

图3-20　人形刀架

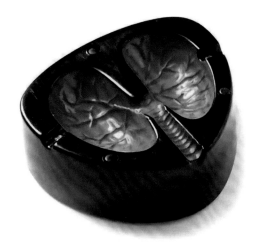

图 3-21 肺形烟灰缸

图 3-22 天鹅 LED 灯

图 3-23 天鹅椅

3.2.3 结构仿生

  人们不仅从外形、功能方面去模仿生物，而且从生物独特的结构中得到了不少启发。在结构仿生设计中不仅要模仿大自然外部结构，而且要学习和借鉴它们自身内部的组织方式与运行模式。大自然的内外结构均为人类提供了设计典范。

  寻找大自然仿生对象的结构，蜂窝是一个很好的例子。蜂窝由一个个排列整齐的六棱柱形小蜂房组成，每个小蜂房的底部由三个相同的菱形组成，这些结构与近代数学家精确计算出来的菱形钝角和锐角完全相同，是最节省材料的结构，且容量大、极坚固，令许多专家赞叹不已

（图3-24）。人们仿其构造用各种材料制成蜂窝式夹层结构板，强度大、质量小、不易传导声音和热，是建筑及制造航天飞机、宇宙飞船、人造卫星等的理想材料。图 3-25 就是蜂窝状的轻质结构汽车材质。

结构仿生的另一个例子是尼龙搭扣。尼龙搭扣两边都是尼龙做的，其结构一边是一排排的小勾，另一边是密密麻麻的小线圈，两边贴在一起的时候，小勾就勾住小线圈，使其贴在一起，所以取名为尼龙搭扣（图3-26）。尼龙搭扣是一位瑞士发明家发明的。这位发明家带着狗去树林里散步回来，忽然发现狗的身上和他的裤子上都粘满了苍耳（图3-27），要清除掉这些苍耳还得费一番功夫，他用放大镜一看，才发现苍耳身上带有一些小刺，这些小刺粘在有毛的裤子上，就会牢牢地勾住，任你怎么甩都甩不掉，除非用手拔掉。因此，他利用苍耳的

图 3-24　蜂窝结构

图 3-25　蜂窝状的轻质结构汽车材质

图 3-26　尼龙搭扣

图 3-27　苍耳

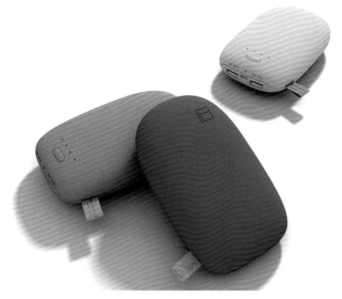

图 3-28　鹅卵石充电宝

图 3-29　仿鳄鱼皮肌理的皮带

图 3-30　徕卡 M6 相机

结构原理，发明了尼龙搭扣。

3.2.4　肌理仿生

肌理是产品设计中不可忽视的一个重要因素。设计师对肌理运用的好坏，直接影响一个产品设计的成功与否。肌理是指物体表面的组织纹理结构，即各种纵横交错、高低不平、粗糙平滑的纹理变化，是人对设计物表面纹理特征的感受。产品的肌理仿生设计可以借鉴和模拟自然物表面的纹理质感和组织结构特征属性，发挥产品的实用性，以及表面纹理的审美、情感体验。

在肌理仿生中，应根据产品的不同功能，选择不同的肌理特性。如鹅卵石充电宝，采用了鹅卵石的形态、鹅卵石的肌理及自然的色彩，给人以返璞归真的感觉，打破了常规电子产品的死板造型，受到了用户的青睐（图 3-28）。

肌理仿生需要符合人们对产品品质的心理需求。如仿鳄鱼皮肌理的皮带（图 3-29）、钛金属配上仿皮肌理的徕卡 M6 相机（图 3-30）都彰显了产品的高档品质，符合特定消费人群的心理需求。

3.2.5　色彩仿生

色彩仿生是指通过研究自然界生物系统的优异色彩功能和形式，并将其运用到产品造型设计中。色彩仿生的方法是探索和发现仿生对象色彩规律，吸取大自然色彩的优点，并将其运用于产品的色彩设计，使产品的色彩既适应产品的功能又具有和谐的美感。自然界中的色彩主要包括起掩护作用的色彩及起显现作用的色彩。

掩护作用是一种光学上的掩饰，一种迟缓获取视觉信息的欺骗性伪装。自然界中有很多动物（如树叶蝶）能随环境的变化迅速改变体色来保护自己的安全。色彩的这种保护、伪装作用首先被人类借鉴并用于国防工业，陆军的迷彩服就是很好的例子，绿色或黄褐色斑点与野战中周围的环境色近似，可达到掩护主体对象不易被敌方发现，提高安全性的目的（图3-31）。

色彩仿生有时为了寻找美丽的色彩，对仿生对象的色彩进行提取，将其应用在适当的产品中。如从孔雀的色彩中提取孔雀蓝，应用在斜挎包、椅子等产品上，这是一种让人安静、平和的颜色，就像是夏天的午后，阳光透过海水的感觉，温润中也透着几分薄凉，如图3-32～图3-34所示。

色彩仿生有时是为了满足消费者的需求。与视觉相关的产品，借用自然界斑斓的色彩，提高其色彩的吸引力；与味觉相关的产品，借用"美味"的颜色，触动消费者的味蕾；与感觉相关的产品，采用清凉的、温暖的、炙热的等色彩，突出产品的特性。如煮蛋器的颜色采用了鸡蛋的色彩仿生，白色与淡黄色的搭配（图3-35），让消费者看到煮蛋器就能联想到香喷喷的鸡蛋，提升了消费者视觉与味觉的体验。

图3-31　陆军的迷彩服

图3-32　孔雀

图3-33　孔雀蓝斜挎包

图 3-34　孔雀蓝仿生色彩的产品　　　　　　　图 3-35　煮蛋器

产品仿生设计的程序

产品仿生设计的过程涉及的因素很多，即使是目标相同，设计过程也会因各种因素的影响而不同，在实际的设计过程中不存在一个通用的、固定的设计模式。从一般性的角度出发，产品仿生设计的程序可以大致分成以下两种。

1. 从仿生对象概念到产品概念的仿生设计

从仿生对象概念到产品概念的仿生设计是以探索与研究仿生对象与产品相关的某些功能特征及原理，提取设计创新的元素实现设计目标。设计以仿生对象为概念主导，有利于产品设计创新的启示，其设计程序如图 3-36 所示。

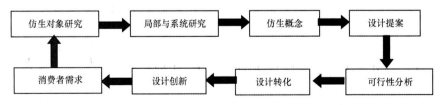

图 3-36　从仿生对象概念到产品概念的仿生设计程序

2. 从目标产品概念到仿生对象概念的仿生设计

从目标产品概念到仿生对象概念的仿生设计即以现有设计目标产品概念为出发点，通过创新思维方法，借鉴生物特定功能、形式等原理与特征实现设计目标，是以目标产品概念为主导的设计过程。这种情况的仿生设计具有较强的针对性。设计的程序首先从设计项目需解决的问题出发，在仿生研究成果、现有研究对象范围内寻找合理的、可行的解决方法；其次是对若干解决方案进行科学的筛选并对最优化方案进行可行性分析；最后通过设计师的创造性思维过程将设计方案转化为设计成果。其设计程序如图3-37所示。

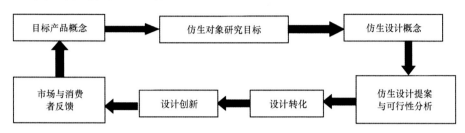

图 3-37　从目标产品概念到仿生对象概念的仿生设计程序

这两种程序在实际的仿生设计过程中，属于最基本的设计程序。由于设计过程的复杂性，实践操作会比上述两种模式复杂，在某些阶段甚至会出现不断的反复，或在某些阶段会出现无法解决的问题使研究停滞不前，因而仿生设计需要较长的研究和设计周期。

3.4　产品仿生设计的基础训练

3.4.1　仿生对象的综合分析与确定

在开展产品仿生设计时，应根据产品概念及产品特征来选择相对应的仿生对象。不同类型的仿生对象自带不同的性格特征。仿生对象的性格特征如图3-38所示。

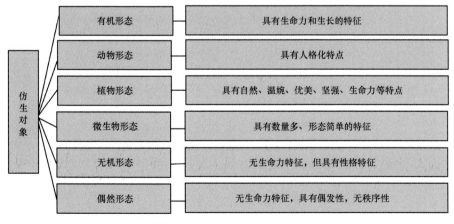

图 3-38　仿生对象的性格特征

在进行目标产品形态设计时，要根据目标产品的使用目的、功用、使用环境、适用人群等诸多因素来综合考量和选取仿生对象。在确定仿生对象时，必须对仿生对象有一个充分的认识和了解，在此基础上再进行产品仿生设计。

3.4.2 仿生对象的特征收集与整理

要对仿生对象有一个充分的认识与了解，需要对仿生对象的特征进行收集与整理。

训练项目1：仿生对象特征收集与整理

要求：选择一种动物或植物作为仿生对象，收集该仿生对象的相关资料。

（1）仿生对象的形体特征。

（2）仿生对象的生理特征。

（3）总结仿生对象的主要特征关键词。

下面以企鹅作为仿生对象，收集其相关资料。

1．企鹅的形体特征

企鹅长着尖尖的嘴，背部黑色、腹部白色；脚在身体最下部呈直立姿势；趾间有蹼，前肢成鳍状；羽毛短，以减少摩擦；羽毛之间存留一层空气，用以保温。它活像身穿燕尾服的西方绅士，走起路来一摇一摆。

2．企鹅的生理特征

企鹅主要生活在南半球，最多的种类分布在南温带，如南大洋中的岛屿、南美洲和新西兰。它性情憨厚、大方，十分逗人，外表显得有点高傲，甚至盛气凌人。企鹅虽然不能飞翔、不擅长奔跑，但是在海中十分灵活，善于游泳。能在 -60℃严寒中生活、繁殖，喜欢在海冰上和无冰区的露岩上栖息，常用石块筑巢。企鹅主要以磷虾、乌贼、小鱼为食。

3．企鹅关键词总结

笨拙
憨厚
可爱
胖嘟嘟的
擅长游泳
以黑白为主
食量较大
尖嘴巴

3.4.3 仿生对象的简化与抽象

对仿生对象形体特征、生理特征及关键词进行整理和总结后，设计师对仿生对象有了一定的认识与了解。在此基础上，便可对仿生对象进行简化与抽象。什么是仿生对象的简化与抽象呢？

仿生对象的简化是对仿生对象形态的提取、形体线条的减少，是由繁至简的过程。

仿生对象的抽象是人在心理上对仿生对象的提炼与反映，是更强调仿生对象本质特征的一个描述，抽象的事物不一定比原有事物更简单。

对仿生对象的简化可以是选取整体简化，也可以是选取局部简化。以猫头鹰为例子，可选取猫头鹰整体作简化。根据猫头鹰的特征进行由繁至简的形态提取。每位设计师对仿生对象的理解与认识不一样，提炼出的简化造型也会有各自的特色（图3-39、图3-40）。另外，可以对猫头鹰的局部进行简化，如设计者认为猫头鹰的头部比较有特点，可以针对头部进行简化，甚至是脸部或是眼部都可以作为提炼的局部（图3-41）。

但要确保局部能凝练仿生对象的特征，应用在产品造型设计上能体现仿生对象的形体美或仿生对象的性格特性等。

　　如果说对仿生对象的简化与设计师对仿生对象的理解有较大的关系，那么对仿生对象的抽象就完全由设计师的思想决定。如猫头鹰的抽象图，设计师根据自己对猫头鹰的理解加上设计目标的概念，对猫头鹰进行了抽象，用自己的语言赋予猫头鹰新的元素，同时体现了猫头鹰的本质特征（图3-42）。这也是仿生对象简化与抽象的区别。

图 3-39　猫头鹰

图 3-40　猫头鹰的整体简化

图 3-41　猫头鹰的局部简化

图 3-42　对猫头鹰的抽象

（猫头鹰的书柜 Logo）

下面我们来看看对仿生对象简化的方法。对仿生对象进行简化，一般有三种方法：次要特征的简化、逐格简化、有目的简化。次要特征的简化是保留主要特征，简化次要特征。例如，毕加索的《公牛图》（图3-43），公牛形体逐渐概括，线条逐步简练，到最后一幅只剩下寥寥几根线，看上去似乎着笔不多，但却精炼地表现了公牛的形与神。每一幅图都是提炼和保留主要特征，减去次要特征。画作按次序来看就是逐格简化，从多笔墨到最简洁的线条。有目的简化是将仿生对象朝着既定目标形态去简化。比如，将兔子朝着圆形简化、将蛇的头部朝着三角形简化。

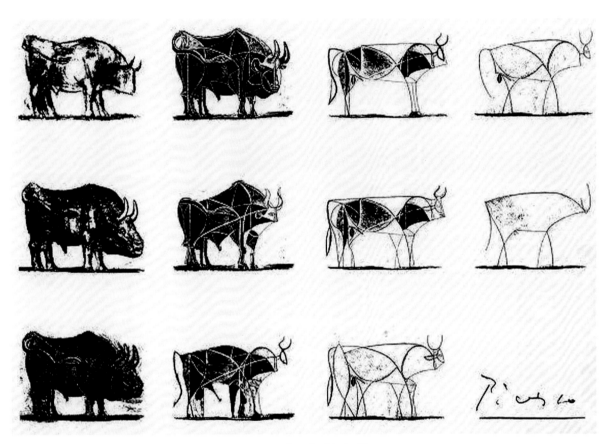

图 3-43 毕加索《公牛图》

训练项目2：仿生对象的简化

要求：选取仿生对象整体形态或局部形态特征进行6格逐格简化。

学生作品1：选取企鹅为仿生对象，6格逐格简化，最后将小企鹅造型概括为几条线条，提炼得恰到好处（图3-44）。

学生作品2：同样以企鹅为仿生对象，选择两只企鹅作为一个整体进行逐格简化。最终的形态以最简洁的线条将两只企鹅的美感呈现了出来（图3-45）。

学生作品3：以蝙蝠为仿生对象进行6格逐格简化。以蝙蝠展开翅膀的动态定格着手简化，每一格都对上一格做了线条的减法，最后一格呈现最简形态（图3-46）。

学生作品4：以蘑菇为仿生对象进行简化，选用了一簇蘑菇而不是单个蘑菇，寻找蘑菇群体带来的美感，最后的简化形态以硬朗的线条呈现（图3-47）。

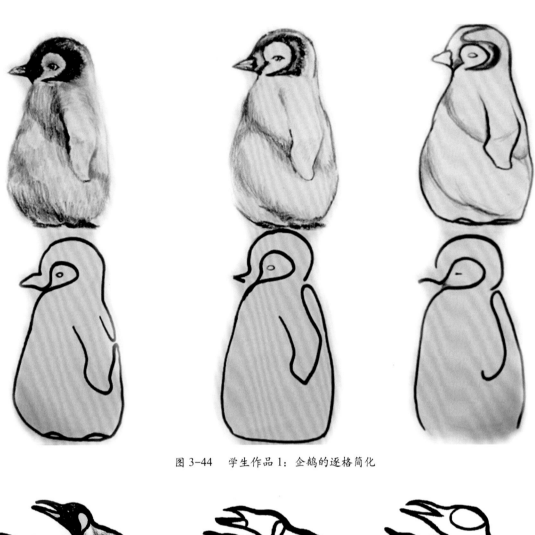

图 3-44　学生作品 1：企鹅的逐格简化

图 3-45　学生作品 2：两只企鹅的逐格简化

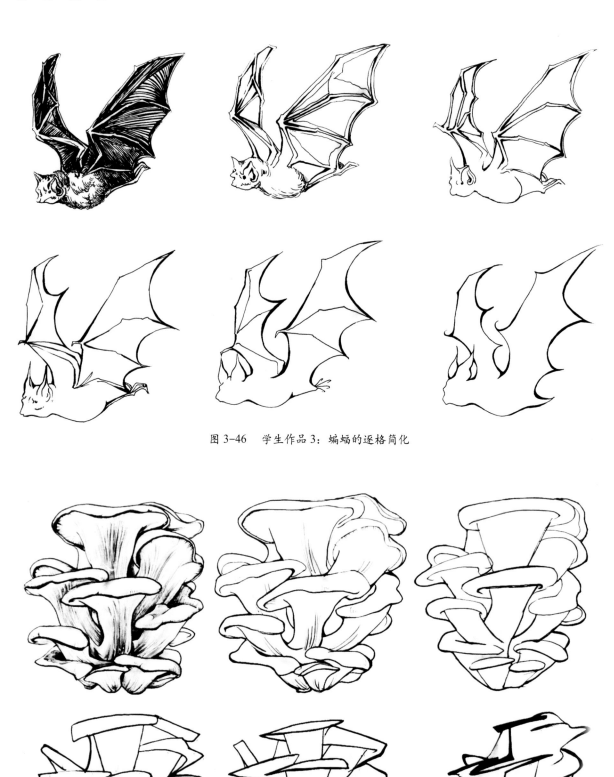

图 3-46　学生作品 3：蝙蝠的逐格简化

图 3-47　学生作品 4：蘑菇的逐格简化

将仿生对象产品化，首先要将仿生对象的简化形态或抽象形态立体化。简化形态的立体化其实就是二维形态向三维形态转化。设计师的主观意识对二维形态向三维形态转化起着决定性的作用，二维形态的立体化有着无数的可能性。如图 3-48 所示，二维形态在立体化的过程中可能是方形的拉伸、弧度的弯曲、切割、打孔、旋转等，同一个二维形态可以获得无数个立体造型。

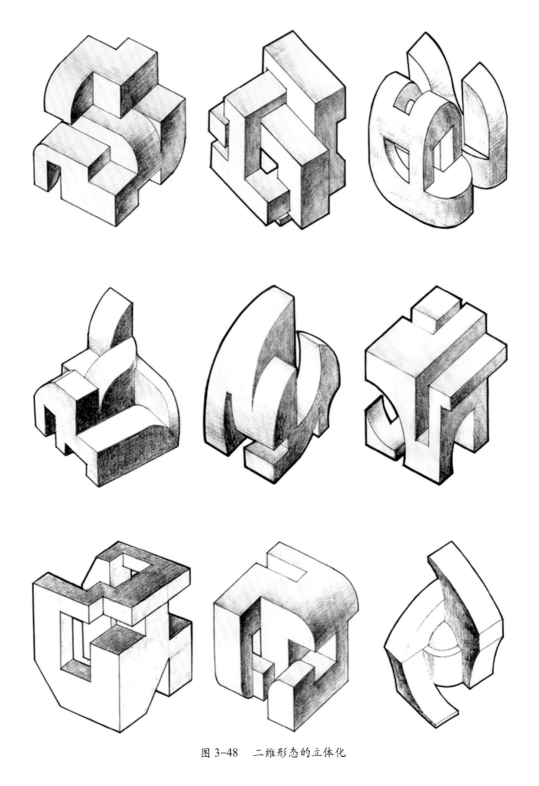

图 3-48　二维形态的立体化

项目训练 3：仿生对象的立体化与产品化

要求：将仿生简化形态立体化并产品化

本次训练结合企业灯饰项目开展，利用仿生设计项目训练 2 的简化形态设计立体形态的灯饰产品。

学生作品 1：以倒挂的蝙蝠整体形象为仿生对象，进行简化，完成简化形态。对蝙蝠的翅膀进行提取，重复层叠，结合倒挂的蝙蝠形象设计出蝙蝠吊灯（图 3-49）。

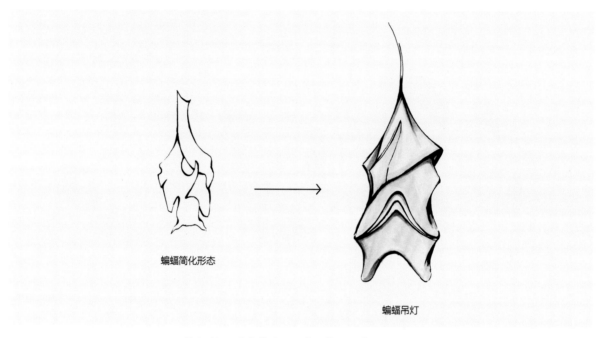

蝙蝠简化形态

蝙蝠吊灯

图 3-49　学生作品 1：蝙蝠简化形态的立体化

学生作品 2：以站立的蝙蝠整体形象为仿生对象，进行简化，完成简化形态。提取翅膀弧线和曲面部分，设计出优雅的蝙蝠吊灯（图 3-50）。

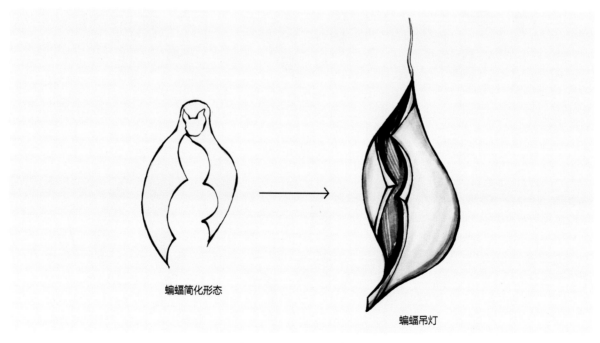

蝙蝠简化形态

蝙蝠吊灯

图 3-50　学生作品 2：蝙蝠简化形态的立体化

学生作品 3：以小企鹅的整体形态作为仿生对象，完成简化形态，将简化形态以镂空的形式呈现在台灯的载体上，蓝色眼睛作为点睛之笔（图 3-51）。

学生作品 4：以企鹅的侧面形态作为仿生对象，完成简化形态。将玛瑙、石英砂材质（企业项目要求）点缀在企鹅的黑色部分，完成企鹅壁灯设计（图 3-52）。

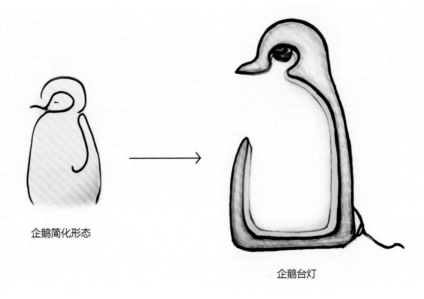

企鹅简化形态

企鹅台灯

图 3-51　学生作品 3：企鹅简化形态的立体化

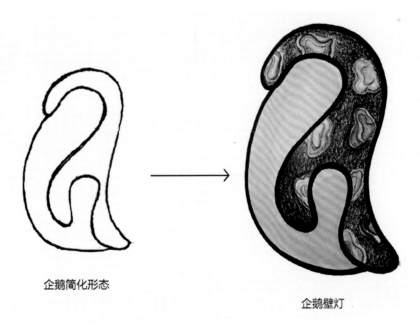

企鹅简化形态

企鹅壁灯

图 3-52　学生作品 4：企鹅简化形态的立体化

项目训练 4：仿生对象产品化

要求：对仿生立体造型设计图细化，建模渲染，实现产品化造型

学生作品 1：根据企鹅仿生立体化形态，细化设计图，结合企业项目要求采用玛瑙、石英砂材质完成建模

与渲染，设计了黑、白两款企鹅壁灯。企鹅的简化造型与彩色的玛瑙、石英砂材质相映生辉（图3-53）。

学生作品2：章鱼简化形态的立体化造型的方案展开、细化（图3-54、图3-55）。

图3-53　学生作品1：企鹅壁灯（仿生设计产品化）

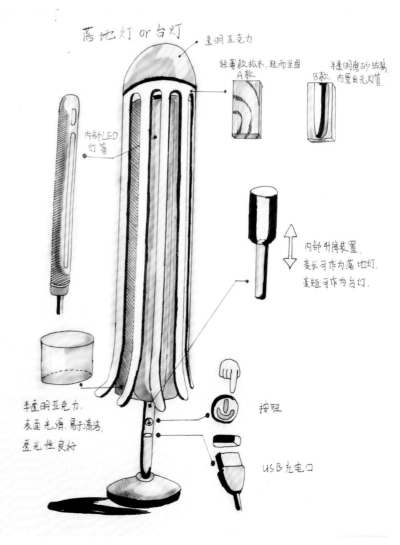

图3-54　学生作品2：章鱼灯设计方案

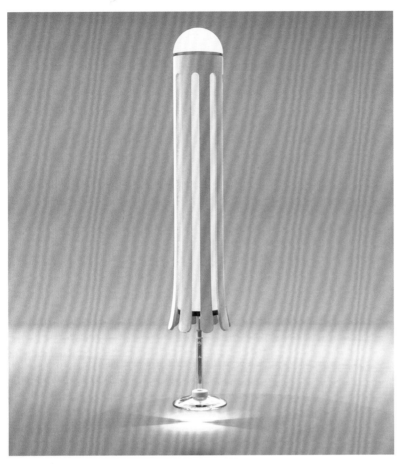

图 3-55　学生作品 2：章鱼灯产品图

3.4.5　仿生对象的色彩训练

色彩能表现情感，它是不同波长的光信息作用于人的视觉器官，通过视觉神经传入大脑后，经过思维，与以往的记忆及经验产生联想，从而形成的一系列色彩心理反应。色彩会产生视觉效应、味觉效应、情绪效应等。色彩给人的心理反应与仿生色彩的应用有着密切的关系。蓝色是海洋的颜色，给人以平静、清爽的感觉；红色是火的颜色，给人以热烈的感觉；绿色是树、草地的颜色，给人以清新、舒适的感觉。色彩可以表现酸、甜、苦、辣，使人联想到相关的仿生对象。比如，采用黄绿色，让人联想到柠檬、橘子，酸酸的感觉就油然而生；采用低明度、低纯度的棕色，会让人想到咖啡或中药（图 3-56）。

仿生对象色彩训练的第一步即先要确定仿生对象，然后对仿生对象进行色彩采集，运用采集的颜色进行设计，将设计色彩应用在产品中。对仿生对象可以按色彩成分进行色彩提取，也可以按色彩比例进行色彩提取，还可以一并提取仿生对象及所处环境的色彩。如鸡蛋的色彩就是

只针对仿生对象的色彩成分提取的（图3-57），小丑鱼及绣球花的色彩就是对仿生对象及环境色的提取（图3-58、图3-59）。

以黄蜂为仿生对象，提取黄蜂的颜色——黄色与黑色。黄蜂的颜色只有两种，在运用采集色设计时，只涉及两种色的比例搭配。黄蜂是有毒的昆虫，黄蜂的黄黑色也称为警戒色（图3-60）。警戒色常常应用在与之相关联的、要引起人们警惕的产品上，如电钻。电钻应用了黄蜂的色彩，对黄、黑两色做了比例的调整。黄黑套色使电钻看起来很醒目，使用者在使用时也会更谨慎（图3-61）。

我们也可以对人造物进行色彩提取，以蒙德里安的设计图——《红、黄、蓝的构成》（图3-62）为仿生对象，提取红、黄、蓝、黑几种颜色应用在红蓝椅、红黄鞋、红黄蓝挂钟上（图3-63），产品瞬间变成了蒙德里安风格，而且充满了艺术感。

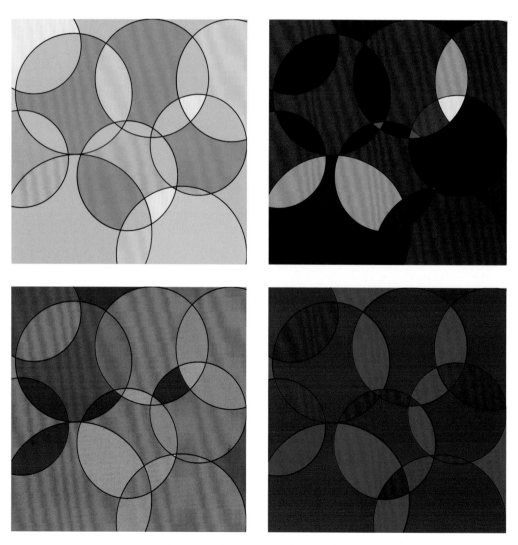

图3-56　酸、甜、苦、辣的色彩表现

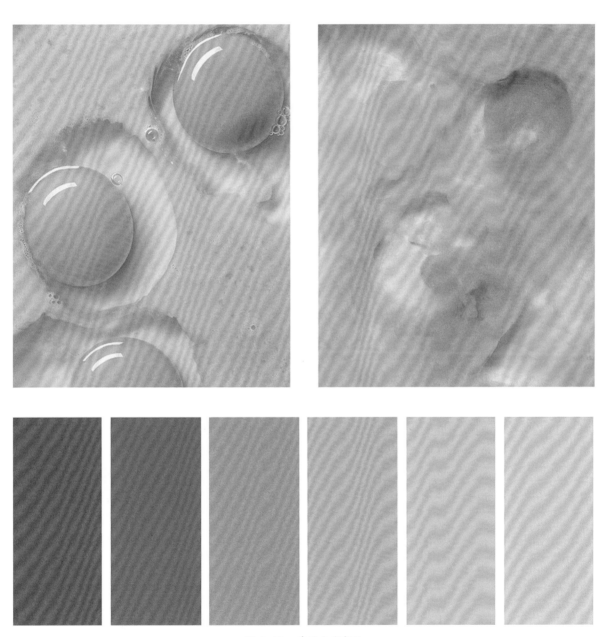

图 3-57　鸡蛋色彩提取

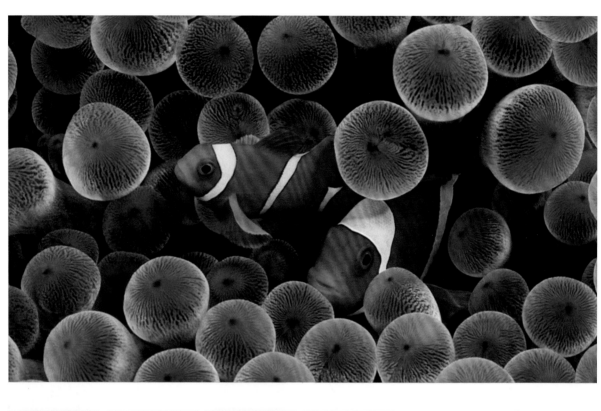

图 3-58　小丑鱼色彩提取

图 3-59　绣球花色彩提取

图 3-60　黄蜂

图 3-61　黄蜂仿生色电钻

图 3-62　蒙德里安《红、黄、蓝的构成》

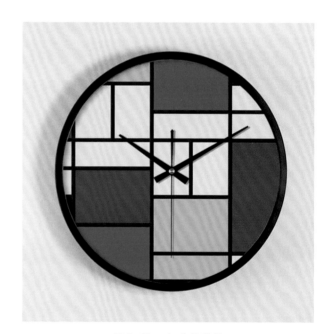

图 3-63　红黄蓝挂钟

项目训练 5：仿生对象色彩的提取与应用

要求：确定仿生对象，提取主要色彩，把色彩运用到某一个产品上，画出其色彩效果。

学生作品 1：选取火烈鸟为仿生对象，提取火烈鸟的主要色彩，对色彩进行搭配设计，应用在运动鞋上（图 3-64）。

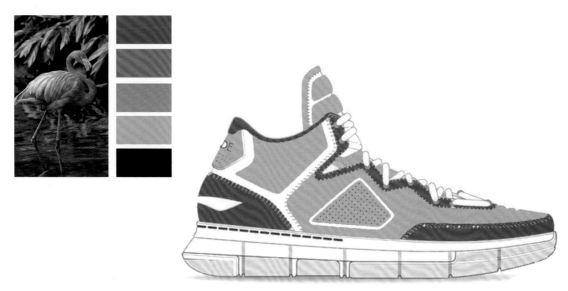

图 3-64　学生作品 1：火烈鸟仿生色彩应用

学生作品 2：选取鹦鹉的局部作为仿生对象，提取其中的颜色，对几种色彩做搭配设计，应用到系列鞋子和书包上（图 3-65）。

图 3-65　学生作品 2：鹦鹉仿生色彩应用

3.5　产品仿生设计中的情感化设计

3.5.1　情感化设计的概念

情感化设计是旨在抓住用户注意力、诱发用户情绪反应，以提高执行特定行为可能性的设计。通俗讲，就是设计以某种方式去刺激用户，让其有情感上的波动。通过产品的功能或者产品本身的某种气质，让用户产生情绪上的唤醒和认同，最终使用户对产品产生某种认知，使产品在用户心目中形成独特的定位。

在唐纳·A·诺曼的《设计心理学3——情感化设计》一书中从知觉心理学的角度解释了人的本性的三个特征层次，即本能层次、行为层次、反思层次（图3-66）。

（1）本能层次。人与物交互时本能地通过视觉、听觉、触觉、味觉和嗅觉体验所激发的情感，即用户想要什么样的感觉。本能层次最好的情况是，当人们第一眼看到产品的外观设计，就禁不住说"我想要"，接下来会问"它做什么用"，最后才问"它值多少钱"。

（2）行为层次。是人与物交互的情感，它源于人们在对物的使用中所产生的感知和体验，即用户想要什么。功能定义了它能做什么，性能体现在它如何完成所定义的功能，可用性体现在用户能否清晰理解产品如何工作，并且能够达到预期效用。行为层和使用有关，重要的是功能实现、使用的愉悦和效用。

（3）反思层次。是人类最高水平的情感，它注重信息、文化以及产品或者产品效用的意义。反思层次设计涵盖诸多领域，它与信息、文化以及产品的含义和用途息息相关。对于一个人来说，这是关于事物的含义、某件东西激起的私密记忆。对于另一个人来说，这是另一种完全不同的东西，与个人形象和产品传达给别人的信息有关。简而言之，反思层次是一个综合本能、行为、文化、品牌等多个方面因素的概念，是一个好设计体现出来的全部价值。

三个层次的关注点如图3-67所示

图 3-66　人的本性的三个层次

图 3-67　三个层次的关注点

在情感化设计中，仿生设计的应用也是一种常用的手段。通过仿生设计在产品形态、功能等方面对产品进行创新设计，是一种增加产品亲和力，为消费者带来丰富情感体验的有效方法。

1. 仿生设计能促进本能层次的情感激发

仿生形态的产品能以独特细腻、轻松诙谐的手法吸引消费者，其与众不同的魅力更易于被一般大众理解和接受，这些特点都能够提升消费者的购买欲望。由 Elecom 和 Nendo（加拿大裔日本设计师 Oki Sato）合作设计的 oppopet 系列无线鼠标，每个鼠标都配有一个小动物尾巴形状的无线接收器，这个设计让原本无趣的鼠标变成了可爱的小动物。动物鼠标包括狐狸、狗、海豚、猫、猪、松鼠等，尾巴形态与色彩都十分讨喜。消费者对这样可爱的鼠标，都很容易一见倾心（图 3-68）。以色列 Ototo 设计工作室，用仿生设计的方法设计了一系列趣味性的厨房用品，其中最出名的是尼斯湖水怪系列。尼斯湖水怪系列包括汤勺、滤勺等。这一系列产品的设计灵感来自神秘的尼

图 3-68　oppopet 系列无线鼠标

斯湖水怪，将其置于汤锅之中，正如水怪探出湖面（图3-69）。Ototo设计工作室另一款设计作品——Agatha搁勺架，也是以轻松细腻的手法吸引着消费者。我们经常会遇到汤勺全掉进汤锅被汤浸没的尴尬。有了这个女神造型的Agatha搁勺架，就可以解决这个小麻烦了。女神会用手抓住汤勺，这样汤勺就不会轻易往汤锅中滑去了（图3-70）。这些设计都是从实用性出发配上有趣的仿生造型创造出特有的魅力，激发了消费者本能层次的情感。

图 3-69　Ototo 尼斯湖水怪滤勺

图 3-70　Agatha 搁勺架

2. 仿生设计能提升行为层次的交互体验

仿生的造型能让消费者关注产品的功能性，同时，造型的易懂性和可用性，能实现高效、便捷的工作效用，也会给消费者带来愉快的使用感受，提升消费者行为层次的交互体验。

如图 3-71 所示，这款 Zip-Eat 拉链开罐器，以拉链的互动提升使用体验感。有些食品密封罐很难拧开，而拉链开罐器巧妙地通过拉拉链将罐盖套紧，拉链齿与盖子的摩擦使食品罐能够轻松地被打开。在使用的过程中，这样的互动给消费者带来了不一样的体验，也带来了愉悦感。

Alessi 快乐鸟水壶在欧美市场创造了惊人的销售佳绩，这个水壶最大的特色是壶嘴上停立着一只塑胶小鸟，水烧开时能发出欢快的鸟鸣声，用清脆的鸟鸣声代替水烧开后的鸣笛声，赋予了枯燥的劳作以轻松愉悦的自然气息。用鸟的仿生形态及鸟鸣声升华了煮水体验的性质，并让使用者一整天的心情都愉悦起来（图 3-72）。

图 3-71　Zip-Eat 拉链开罐器

3. 仿生设计能增加反思层次的情感满足

仿生设计通过对文化、传统元素进行深层的发掘、概括与提炼，并以此作为仿生对象来表达产品信息，满足消费者特定的心理需求和愿望，实现消费者的文化归属感。如图3-73所示，这款获得2000年日本名古屋国际设计竞赛金奖的落叶碎纸机，其特别之处在于它并没有纸斗，而且碎纸的形状为树叶的外形。纸屑落到地上由人工打扫，给人秋叶飘落的感受，产生了空寂静谧的古典美感，满足了人们的心理需求和对自然的向往。"雪松"时钟是一件别具一格的摆钟，由日本雪松木制成的圆形框架与摆条组成。它没有指针，表面木纹使那些真实自然的细小瑕疵得到了完好的保留。种植在里面的雪松针叶，比其他植物的绿色生命更为长久，由此延长了作品的寿命。与古老的日本酿酒习俗相同，表盘上由绿变黄的时间，大约要用一整年。在日本的江户时代，经济增长迅速，社会秩序井井有条，人们对艺术和文化的喜爱也是空前繁荣。由于当时科技不够发达，酿酒师们必须找到一种方式，告诉人们他们的清酒什么时候酿好。当雪松完全变黄时，人们就会知道他们的清酒酿好了。"雪松"时钟直接采用了植物本身作为设计，表达了日本的民族习俗并体现了消费者的文化归属感（图3-74）。

图3-72　Alessi 快乐鸟水壶

图3-73　落叶碎纸机

第一天　　　　三个月

六个月　　　　一年后

图 3-74　"雪松"时钟

1．仿生对象特征收集与整理。

要求：确定一种动物或植物作为仿生对象，收集该仿生对象的相关资料。

（1）仿生对象的形体特征。

（2）仿生对象的生理特征。

（3）总结仿生对象的主要特征关键词。

2．仿生对象的简化。

要求：选取仿生对象整体形态或局部形态特征进行6格逐格简化。

3．仿生对象的立体化与产品化。

要求：将仿生简化形态立体化并产品化，可将简化形态设计转化成立体形态的灯饰产品。

4．仿生对象产品化。

要求：对仿生立体造型设计图细化、建模渲染，实现产品化造型。

5．仿生对象色彩的提取与应用。

要求：确定仿生对象，抽取主要色彩，把色彩运用到某一个产品上，画出其色彩效果。

扫一扫　巩固更多课堂知识

第 **4** 章 | 产品造型与语意

知 识 目 标 《

1. 了解符号学与语意的概念。

2. 了解产品造型设计中的语意。

能 力 目 标 《

1. 掌握产品造型符号语意的应用。

2. 掌握产品造型象征语意的应用。

3. 掌握产品造型指示语意的应用。

　　符号学，就是研究符号系统的科学，它主要分为三个组成部分，即语形学、语意学和语用学。莫里斯曾对这三个领域分别定义：语形学研究"符号相互间的形式关系"；语意学研究"符号和其所指示的对象之间的关系"；语用学研究"符号和解释者之间的关系"。这三个部分分别从符号与符号、符号与意义、符号与人这三个维度将符号学展开，进行全面分析。产品语意学就是属于符号学在产品设计中的应用，而产品语意学中的"语意"实质上就是研究在产品设计当中，设计符号与其象征意义之间的关系。产品造型设计中涉及的语意包括三个方面的内容：产品造型符号语意、产品造型象征语意、产品造型指示语意（图4-1）。

图 4-1　产品造型语意的三个内容

课件：产品造型与语意

 4.1 　　产品造型的符号语意

　　提到产品造型的符号语意，要先了解一下设计符号。当今社会，人们对事物的认知逐步从"具体"走向"抽象"，从"连续"走向"间断"，从"实体"走向"现象"。在"具体、连续、实体"的认知时代，物品的

71

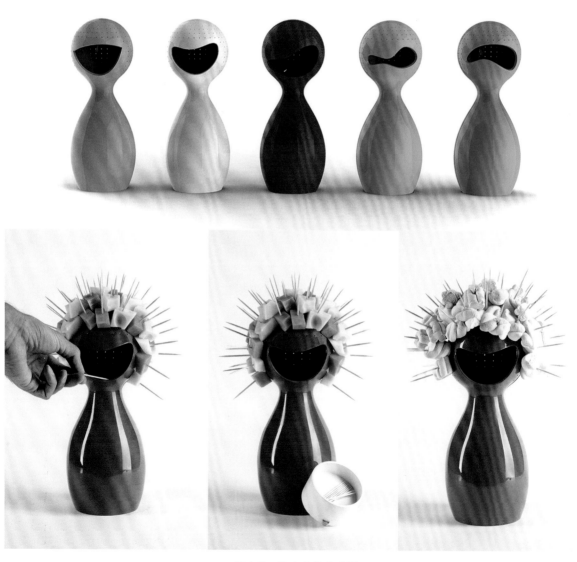

外在可感，内里可知，人们对物品的感知是如实真切的，一切都在眼前，功能和形式的互生关系形成了物品的内外一致性。到了"抽象、间断、现象"的认知时代，物品所代表的语意对于大众来说已经变成了不可知，以及不必知，它们与物品的外在形式相脱离，失去了如实的对应关系。信息社会的发展，使物品承载了更多的符号内容，物品不再是单纯基于功能的工具，而成为具有媒介意义的容器。进入信息时代，人们的注意力也从实体转向了信息，当今世界充满了信息和符号内容，而且这些信息和符号内容大多是被直接消费的，注意力的转移让我们对符号更感兴趣。

产品造型的符号语意是指通过人们对符号的认知或符号所承载的信息来表达产品。我们提及符号化不只是几何造型图案，而且是产品所承载的信息集成后与环境发生联系时所产生的符号化印象。

这些符号化印象在产品造型的应用中一般可分为两种形式：趣味性符号和引用性符号。通过产品造型来表达追求符号的趣味性，是对生活情趣、美好生活的向往。以表情小人为符号来表达食物分享器的造型，呈现了趣味性（图 4-2）。用一根拉链做出的粽子造型零钱包是引用性符号，借用了粽子的造型，使人们在使用该零钱包时莫名地想起端午节、端午节的食物及民俗（图 4-3）。

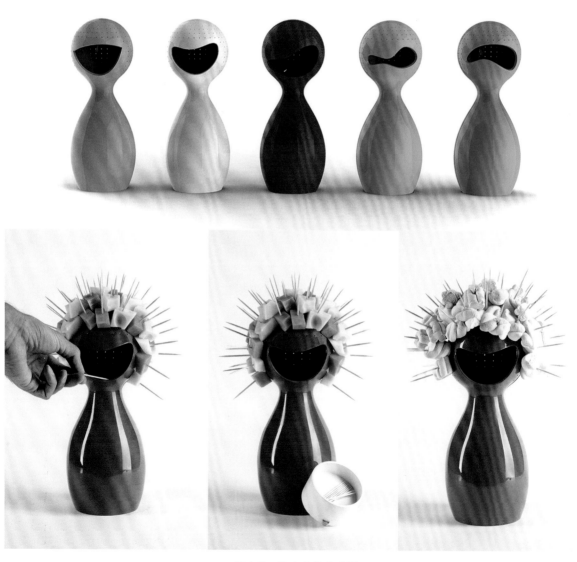

图 4-2　趣味食物分享器

图 4-3　粽子零钱包

4.2　产品造型的象征语意

产品造型设计中像写文章一样用象征的修辞方法引出类比的其他事物或内涵，我们称为产品造型的象征语意。当前产品语意的研究就是将文化内涵通过象征隐喻等修辞手法融入产品形态，并使消费者透过产品形态找到文化的认同感，以增强产品的文化亲和力和价值。设计师也可以借用某种具体的形象的事物暗示特定的人物或事理，以表达真挚的感情和深刻的寓意。如在我国，红色象征喜庆、白色象征哀悼、喜鹊象征吉祥、乌鸦象征厄运、鸽子象征和平、鸳鸯象征爱情等。

芬兰著名的工业设计师、建筑师阿尔瓦·阿尔托设计的阿尔托花瓶，采用了波浪曲线轮廓，是芬兰星罗棋布的湖泊的形态，并采用 Iittala 最著名的玻璃成型技术，不管是在硬度还是在透光度上都和水晶玻璃不相上下，但是它没有一般水晶玻璃所含的铅成分，无害于地球。该设计承载着引人回归大自然的哲学。阿尔托花瓶就是用了湖泊的形态隐喻环保、与自然共生的内涵（图 4-4）。

Fillico 天然矿泉水是一种生产于日本神户的矿泉水，瓶身的霜花装饰图案是由施华洛世奇水晶和贵金属涂抹而成，号称

全世界最奢侈矿泉水（图4-5）。精美至极的皇冠形瓶盖和天使翅膀与瓶身相应。这个设计中用皇冠象征权贵，用天使的翅膀象征圣洁，瓶身的设计灵感来自阿尔贝罗贝洛的特鲁利（意大利的世界遗产）。这些造型都让产品显露着高端奢华的语意。

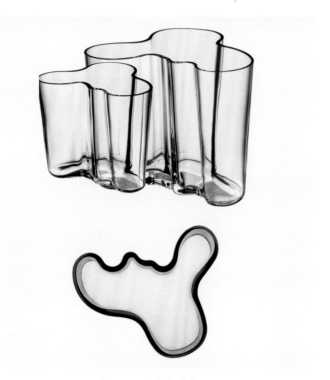

图4-4　阿尔托花瓶

图4-5　Fillico天然矿泉水

产品造型的象征语意通过特定的文化符号和特定的组合唤醒我们的文化记忆和思想认同，这是由特定的语意设计达成的信仰、仪式、特征物等的符号互换，从而建立起地方文化的连续性，产品中某些特征符号又会和某些特定的社会现象、故事、责任或理想发生内在的关联，引发使用者对社会意义的深刻思考。

4.3　产品造型的指示语意

指示语意起源于乌尔姆设计学院，以界面、形态设计为重点。指示语意派认为：好作品是通过直觉，而不是依靠说明来获得功能信息和意义的。产品造型在指示语意方面应该注意三点，即可见性、互动、反馈。

4.3.1　可见性指示

（1）产品指示语意的表达应当符合人的感官对形状含义的理解经验。

人们看到移动物体时，往往会从它的形状来考虑其功能或动作含义。看到平板时，会想到可以放东西或可以坐等。圆代表可以旋转或转动的动作，窄缝意味着可以把薄片放进去。不同的形状也可以表示"硬"和"软"等。粗糙、棱角对人的动作也有不同的含义。这些是形状给使用者带来的指示语意。

（2）产品的指示语意也可以表达方向、物体之间的相互位置，上下前后的布局等含义。

任何产品都具有正面、反面、侧面。正面朝向使用者，需要使用者操作的按键应当排在正面，设计师必须从用户角度考虑产品的正面、反面分别表示的含义，怎么表示"前进""后退"，怎么表示"转动""左旋""右旋"，用什么表示各部件之间相互的关系。

我们来看看指示语意的应用，例如，罗技 MX Master 鼠标，鼠标为右手人群设计，比起普通鼠标多了侧裙，可以舒适地放上拇指，从正面看倾斜角度符合使用者使用时的手掌弧线，手掌可以恰到好处地放在鼠标背部，右侧预留的空间不小，完全可以将无名指、小指非常舒服地停靠在上面（图4-6）。

鼠标每个细节的指示语意都告知使用者
手指如何摆放和操作，即使是第一次使
用鼠标的人也能马上了解，这就是好的
指示语意的作用。

4.3.2　互动指示

一些电子产品往往具有"比较判断"
的功能，产品语意表达必须能够让使用
者理解其含义，以便更好地互动。例
如，用什么表示"进行比较"？用什么
表示"大""小"？用什么表示"轻""重"
或"高""低"等含义，让使用者更好地
与产品互动。

在指示互动方面，斯麦格电热水壶
是一个很好的例子。热水壶的下方有一个
球形的滑动控制杆，能轻松调节保温的温
度。每滑动一次控制杆温度就变化10℃，
在侧边有相应温度的指示灯变亮。简单的
一组设计实现了指示互动，使用者能清楚
知道现有水温并调节水温（图4-7）。

4.3.3　反馈指示

电子产品有许多内部状态，这些内
部状态往往不会被用户发觉，设计师必
须提供各种反馈显示，使内部的各种状
态能被用户感知。例如，用什么表示"静
止"，用什么表示"停止"，用什么表
示"正常运行"，用什么表示"电池耗
尽"等。

键盘的设计带有很多反馈指示，每
一颗按键与键盘面均有一定距离。当手
指按下去就存在一个上下的回程，并且
伴有按键声，让使用者能接收到已按下
键的反馈。如当按下 Num Lock 键，相应
的指示灯就保持亮的状态，这就是一个
反馈指示，使用者就知道是在数字键被
锁住的情况下操作（图4-8）。

图 4-6　罗技 MX Master 鼠标

温度设定显示　　　　　　温度调节按钮

图 4-7　斯麦格电热水壶

图 4-8　键盘

4.4　产品造型语意训练

训练项目1：符号语意应用，引用常见的符号并做重构设计

学生作品：选择电路板符号，打破原有形象进行重构设计，将电路符号应用到单肩斜挎包上，"电路板"的色彩和构成保持不变，材质从常见的覆铜板变成了帆布，摇身一变就成了一个时尚包的造型。另一个作品也是引用电路符号，将电路符号应用到椅子上。"电路板"的色彩和材质都进行了改变，只保留电路的符号元素，将电路符号元素向上形成椅背、交错形成椅脚，设计成一张有特色的椅子。再选择蚊香符号进行重构，把"蚊香"纵向拉伸，设计成一个台灯，呈现出线条美（图4-9）。

训练项目2：用象征语意的方法设计产品

学生作品：海草特征是绿色的、清新的，用海草的形态去设计秋千椅，赋予了秋千椅自由的、亲近大自然的、清新的内涵，这正符合了秋千椅使用者的心态，用象征语意表达了产品的情感（图4-10）。

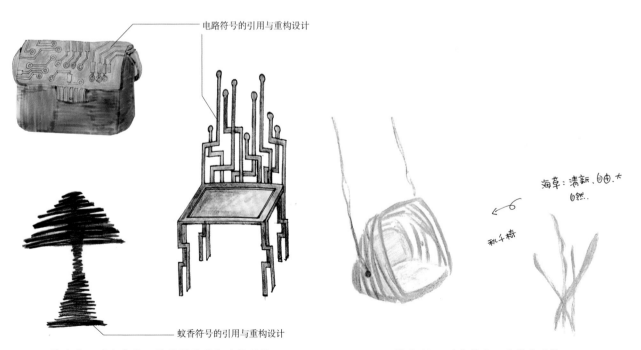

电路符号的引用与重构设计

蚊香符号的引用与重构设计

海草：清新、自由、大自然。

秋千椅

图4-9　学生作品：符号的引用与重构设计　　　　图4-10　学生作品：海草秋千椅

1. 应用符号语意，引用常见的符号做重构设计，绘制其产品设计效果图。

2. 用指示语意完成电热水壶的设计。

要求：

（1）用形态语言、指示语言等表达产品使用功能。

（2）绘制其产品设计效果图。

3. 用象征语意的方法设计一产品造型（可以表达高贵的、环保的、清新的等）。

第 5 章 | 产品造型设计的其他方法

知 识 目 标 《

1. 了解产品造型设计的其他方法。

2. 了解人体工程学对产品造型设计的影响。

3. 了解装饰手法对产品造型设计的影响。

4. 了解材料与工艺对产品造型设计的影响。

能 力 目 标 《

1. 能分析人体工程学与产品造型设计的关系。

2. 能分析材料、工艺与产品造型设计的关系。

课件：产品造型设计的
其他方法

5.1 产品的人体工程学

5.1.1 人体工程学简述

人体工程学是 20 世纪 80 年代左右开始在国内兴起的一门新兴交叉学科，原出自希腊文 "ergo"（"工作、劳动"）和 "nomos"（"规律、效果"），即探讨人们劳动、工作效果、效能的规律性。在产品设计中，人体工程学是为了确保人和与之交互的（产品）事物之间的良好契合，包括人们使用的（产品）对象或生活环境。人体工程学起源于欧美，原先是在工业社会中开始大量生产和使用机械设施的情况下，探求人与机械之间的协调关系，作为独立学科已有 40 多年的历史。及至当今，社会发展向后工业社会、信息社会过渡，重视"以人为本"，为人服务。人体工程学强调从人自身出发，在以人为主体的前提下研究人们的一切生活、生产活动中综合分析的新思路。随着现代设计的发展，人体工程学已然成为产品设计与开发过程中重要的研究内容，其目的是提高产品的实用性、舒适性和综合性能。简而言之，人体工程学利用人体测量数据来确定产品的最佳尺寸、比例、结构等造型因素，使产品在特定的目标情境中，更容易被人们使用。人体工程学涉及诸多专业领域，主要分为物理人体工程学、心理人体工程学和组织人体工程学三大类别。在产品的造型设计中，主要运用的是物理人体工程学和心理人体工程学的知识。

5.1.2　人体工程学与产品造型设计的关系

人体工程学在人们的生产和日常生活中起着越来越重要的作用，人们越来越多地追求一种新的舒适的生存环境和生存空间。就产品而言，好的产品设计是使生产者和消费者都满意的一个整体，在产品造型设计中，人体工程学强调和贯彻"以人为本"的设计价值观，追求人性化产品的设计。因此，人体形态特征、人体感知特征、人类反映特性及人在劳动中的心理活动等都是设计过程中需要关注和考虑的设计要素。这些设计要素的共同关联影响着产品造型的尺寸参数设定、结构比例规划、附加功能开发、设计形态风格等。在认识人体工程学与产品造型设计的关系时，大致可以概括为以下两点（图 5-1）：

（1）人体工程学可以视作产品造型设计的工具包，即可以为产品造型设计提供科学的设计尺寸参数和设计思路框架；

（2）人体工程学也可以视作产品造型设计的逆向检测工具，即可基于人性化使用的视角，用于检验整体设计的实用性、适用性和合理性。

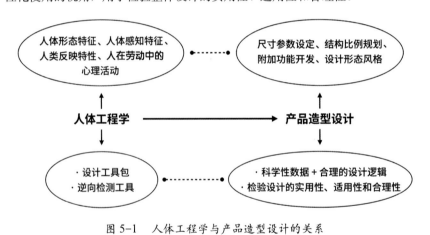

图 5-1　人体工程学与产品造型设计的关系

5.1.3　产品造型设计中人体工程学的作用

1. 生理要素应用

产品造型设计过程中，人体工程学的应用在很多方面都会产生很大的影响。很多企业在产品造型设计过程中，都意识到人体工程学的积极意义，因此会通过生理要素的应用方法，促使产品造型设计的合理性、适用性得到更好的提升。生理要素的应用，主要是通过对人体的结构分析，观察产品在使用过程中，能否与人更好地契合，并进行较多的模拟分析，最终在产品造型设计方面做出良好的改变。人体尺寸是产品造型的基本设计信息和数据资料，通过人体测量，可直观地获得人体的静态尺寸和动态尺寸，其中，人体的静态尺寸对应产品造型的结构尺寸，人体的动态尺寸关系到产品的功能尺寸，它包括使用者在工作姿态或某种操作状态下的测量尺寸。就动态人体尺寸而言，测量的重点是在具体的情境下，人在执行某种动作时的身体特征。人体动态尺寸测量的特点是在任何一种人体活动中，身体各部分协调而连贯地完成动作指令。需要特别注意的是，因为人体尺寸大小不一，其指令也会存在一定的差异，设计不可能全部实现。例如，由 Peter Opsvik 设计的 Balans 凳（图 5-2），考虑到了不同乘坐者年龄、坐姿。这款人体工程学椅子看上去似乎不稳，像小孩玩的木马，但是坐上去却不是如此。坐上去以后椅子会向前倾一个角度，保证你的脊柱是一条直线，脖子自然伸直，想弯都弯不了，而且肌肉完全不受力、不紧绷。

2．心理要素应用

在产品造型设计的过程中，使用者的心理层面也是需要分析和考量的重要因素之一。在产品的实际体验过程中，很多用户都会存在心理上的变化。无论是心理预期的变化，还是心理上的各种喜爱、讨厌的情感变化，都会对产品造型设计的走向和市场的反馈等造成最为直接的影响。为了在心理素质上更好地满足产品造型设计的多项需求，必须在人体工程学的应用过程中，尽量做出较多的思考。心理要素的应用可以概括为，根据用户的感觉、知觉特性、认识、学习和出错情况进行产品使用方式、操作界面的设计，以适应用户的职业需要、行动方式需要、认知需要和操作需要，减少用户学习的时间，减少操作出错的概率。以汽车制造商日产（Nissan）的 Pivo 概念电动汽车设计为例（图 5-3），Pivo 最特别的地方是革新式的 360° 车仓旋转功能及 90° 车轮旋转功能。驾驶 Pivo 时，不需要再以倒车的形式入库，取而代之的是，只要将车头做 180° 旋转，即可正向开车入库。这一操作方式的设计，完全从用户感知特性出发，做到轻松驾驶。

3．设计流程中的并行应用

产品造型设计中人体工程学的应用，还体现在设计流程方面。现代化的产品造型设计流程，为了更加符合产品的发展趋势，会在流程方面做出持续

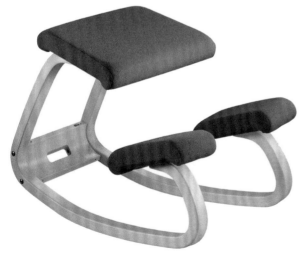

图 5-2　Balans 凳（Peter Opsvik 设计）

图 5-3　Nissan 的 Pivo 概念电动汽车

性的优化，其目的在于更好地改善固有的缺失和不足，将多方面的工作内容加以完善。阶段性的流程是产品造型设计中较为常用的设计流程模式，即在设计的整体过程中，每个阶段的工作按照时间组织顺序逐一进行。在阶段性的设计流程中，人体工程学不应局限于单个阶段，而需与整体设计流程并行应用，即将人体工程学的使用作为一个系统、集成的过程，在产品造型设计的各个阶段设计中同步进行，相互协同。从全局优化的角度出发，人体工程学的并行应用可达到缩短开发周期、提高质量、降低成本等诸多目的。

5.2　装饰性造型设计与简约造型设计

5.2.1　装饰性造型设计

产品造型设计也可理解成一种视觉形象的塑造和表达，不仅如此，这种视觉形象的表达是多维的、立体的、多样的。产品造型设计不仅关系到结构和功能，还直接与产品的视觉表现力相关联。正因如此，产品装饰美感的设计与表现，也是产品整体造型过程中的重要因素之一。视觉上的装饰不仅能为产品的综合造型增添美感，还能体现和提升产品的设计附加值。好的产品造型一定是美观且具备一定观赏性的。就装饰性美感而言，产品的造型可以和各式各样的艺术主张或视觉风格相结合，以达到不同效果的视觉表现力和张力。换言之，装饰性造型设计既是产品造型的一种设计方法，也是一种设计风格。装饰性造型设计的表现手法多种多样，在现代设计主义风格中，最为常见的是与仿生形态结合的设计方法。仿生类装饰性造型设计与仿生设计相似但不相同，即运用到仿生设计的一些设计理念和方法，但还是以"装饰美感"为整体造型设计的核心。

在仿生类装饰性造型设计的构思和创意上，动物、植物，乃至各类生物的外观特征和轮廓形态是设计师主要运用的视觉设计元素。在设计过程中，所谓"仿生"并非直接将生物的外形"依葫芦画瓢"，而是先提炼和提取外观的特征元素，进而通过设计转化为恰到好处或适当的造型元素，这是一个解析和重构的设计过程。以国际知名设计师菲利普·斯塔克的外星人榨汁机（Juicy Salif）为例，这款榨汁机设计既是斯塔克最广为人知的代表作，也是国际知名品牌 Alessi 在 1990 年成立以来最经典的产品之一。三支尖锐长脚上面安置一颗大大的头，与蜘蛛略相似，但看起来更像一种不属于地球的外星生物。其实这是一款纯手动操作的榨汁工具，三腿鼎立、顶部有螺旋槽，切半个橙子压在顶上拧，橙汁就顺着顶部螺旋槽流到下面的玻璃杯里了。自 1990 年生产销售至今，Alessi 已销售了上百万个"外星人"，至今仍然是设计专卖店中的畅销产品。不仅是榨汁机，"外星人"独特的视觉造型也让它成了一种极具装饰美感的陈设品（图 5-4）。

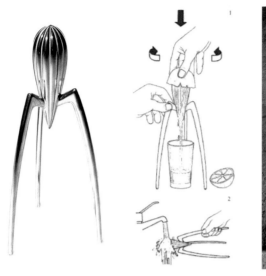

图 5-4　外星人榨汁机

安娜红酒开瓶器（图 5-5）是另一款类似的知名设计作品，也是 Aleesi 品牌最经典产品之一，由意大利设计巨匠亚力山德罗·曼迪尼于 1994 年设计。曼迪尼以他的妻子安娜为设计原型，结合红酒开瓶器的结构特征，进行了造型的转化设计，以冷硬的不锈钢材质，搭配讨喜的笑脸，辅以活泼鲜艳的色彩，为产品注入独特的魅力，一推出即畅销至今。意大利 Alessi 总部门口矗立着一座安娜的雕像，安娜已成为 Alessi 的精神象征。类似外星人榨汁机和安娜开瓶器的案例还有很多（图 5-6），这些设计不仅满足了功能需求，而且运用装饰性造型设计的思维和方法，为产品赋予了独特和极具创意的视觉冲击力，既塑造了产品的独特性，又提升了产品的附加值。

图 5-5　安娜红酒开瓶器

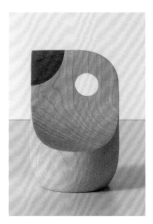

图 5-6　其他类似设计案例

5.2.2　简约造型设计

　　简约主义是现代产品造型设计的主要风格体现之一。对于"简约"的解读，既是"少即是多"的现代设计主张，也体现出对产品造型的一种极致的追求。"简约"包含结构的简约、材料的简约和工艺的简约。简约造型设计即主张简约的形态和构成。在现代产品设计中，几何形态的运用是最为常见的简约造型设计方法。几何风格是 20 世纪 20 年代开始出现的设计浪潮，也是现代设计主义的主要风格之一，主要受到包豪斯现代主义设计方法的影响。产品在外观造型设计上，主张运用简洁的几何图形和纯色，如圆形、正方形和红、黄、蓝的纯色。基于几何风格的简约造型设计被广泛运用于各种现代产品设计，其设计特征的发展和转变，又经历了现代主义和后现代主义两个时期。

　　基于现代主义的简约造型设计，产品的内部结构和外部造型体现出来的三维几何体以圆形、矩形、三角形和线形为主要的设计语言，造型构成趋于极简，表面几乎没有装饰，颜色被简化到大多是单色或由黑色、白色和灰色组成，主要材料都是工业材料。在设计手法上，除单独的几何体外，还涉及元素重复、并列、叠加组合和形态切割等概念。主要表现是以绝对的次序组织造型元素来创作，其元素表现呈现出以下设计特征：①整齐统一、简洁纯粹；②联合封闭、有秩序；③带有目的性；④具有功能性。

　　后现代主义是对现代主义的重新反思，在几何风格产品造型上，后现代主义对现代主义简洁、纯粹和整齐统一的特征有所颠覆。后现代主义的设计师在现代主义的基础上对几何形态的造型元素和设计手法进行了新的改变和尝试，主要体现为：①两个几何元素以上解构混合；②同一元素按规律排列方式获得新的形态；③穿插、错位、挪用元素到新的语境；④将闭合形态的元素加以分割，抽离出新形态。

　　后现代主义几何语言的形态特征表现为：①不确定性、兼容性或折中等；②娱乐性，配色鲜艳，突出视觉性；③强调形态隐喻、象征、装饰符号和文脉。

　　简约造型设计及其造型元素见表 5-1。

表 5-1　简约造型设计及其造型元素

简约造型设计	造型元素
	高背椅 设计师：查尔斯·麦金托什 1. 以矩形和纵横线条为主要设计元素； 2. 颜色构成简洁，以纯色为主
	双泉提梁圆壶 设计师：石大宇 1. 以圆形和矩形为主要设计元素； 2. 线、面、体的造型构成； 3. 黑色、白色的简洁色彩构成
	黑线系列——桌 设计师：佐藤大 1. 以正方形和线型为设计元素； 2. 以线和面为主要造型构成元素； 3. 以纯黑色为主
	NUDE 实木落地衣架 设计师：沈文蛟 1. 以线型为主要设计元素 2. 线型穿插的造型构成； 3. 纯色装饰

5.3　材料与工艺

影响产品造型设计的因素有很多，产品的材料质地与制作工艺也包含在内。材料与工艺是人类生产各种所需产品和生活中不可缺少的物质基础，两者是紧密相连的。人类改造世界的创造性活动，是通过利用材料和工艺制作来创造各种产品才得以实现的。而造型设计从本质上讲，是人们在生产中有意识地运用工具和手段，即工艺制作，将材料加工成可视的或可触及的具有一定形状的实体，使之成为具有使用价值的或具有商品性质的物质。因此，设计师在设计具体的产品时，因为关系到产品最终的实物输出，必须事先考虑好材料的选取和工艺制作的方式与过程。不同的材料因为质地和特性不一样，会在一定的程度上影响产品造型的形态和设计走向。同理，工艺制作方式方法的不同，也会直接影响造型设计的可能性和发挥空间。脱离了材料与工艺的造型设计是不切实际的设计概念，无法成为可以落地的设计方案。

结合材料和工艺的特性进行相应的造型设计，是每一个职业产品设计师应该具备的刚需能力，前提是要充分了解材料的特征和熟悉工艺制作的过程与方法。如选材不当，不仅有损于好的设计和完美的造型，而且会丧失其使用性能，降低使用价值，甚至还会增加加工制作难度。总的来说，产品的造型设计在极大程度上受到材料和工艺的制约。造型设计中所用的材料主要有金属材料、无机非金属材料、有机高分子材料和复合材料。它们除具有各自不同的物理、化学和力学性能外，其相应的造型特点、加工难易程度也各不相同。所以在造型设计时，必须首先熟悉各类材料的性能与特点以及相应的工艺制作流程与方法。

5.3.1　结合材料特性的造型设计

产品的造型设计受到材料的限制，反而言之，合理地运用材料的性能和特点，既能让设计更"接地气"，又能最大限度地突出造型的特色，这也不失为一种切实的造型设计方法。以陶瓷材料为例，陶瓷分为陶和瓷两大类，陶的质地偏软，材质表面略粗糙，烧制的温度较瓷更低，但可塑性强，适合构成复杂的造型。在我国，最为知名的当属佛山的石湾陶器公仔（图 5-7）；相反，瓷的质地偏硬但更加细腻，烧制的温度比陶略高，适合于较为规整的造型结构；瓷材料在生活用品的设计与开发中得到更为广泛的应用，包括生活器皿、卫浴用品、家居装饰等（图 5-8）。在现代产品中，有许多结合陶瓷材料特性的经典设计案例。

图 5-7　石湾陶器公仔

图 5-8　日用瓷与陶瓷卫浴

陶瓷产品设计及案例见表 5-2。

表 5-2　陶瓷产品设计及案例

陶瓷产品设计	案例介绍
	圆满茶具 设计师：石大宇 1. 以白瓷天然的肌理配合简洁的几何造型； 2. 运用陶瓷制品空心的结构原理，巧妙地将茶壶的提梁与壶嘴融为一体。 3. 结合陶瓷材料的特性，在茶杯的中下部加厚一层，既方便拿取，又起到隔热的作用，同时让整体造型更加灵动

陶瓷产品设计	案例介绍
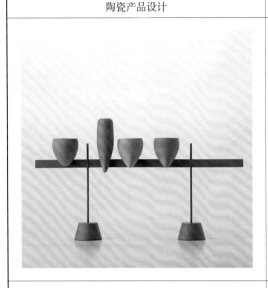	鸟鸣系列花器 设计师：佐藤大 1. 规整的几何形态搭配陶瓷和颜色釉的材料质感； 2. 陶瓷与金属的材料组合
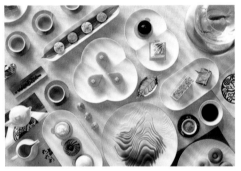	ZK 白瓷餐具系列 设计师：黑川雅之 1. 以几何线条展开，搭配白瓷通透的材料质感； 2. 通过改变圆的直径和宽扁程度，以及陶瓷瓷坯拼接工艺，实现系列化设计； 3. 为了让整体系列的层次更加丰富，部分餐碟还使用了陶瓷浮雕工艺，形成不规则的流动线型纹理
	卵石系列手冲咖啡具 设计师：佐藤大 1. 高骨瓷材质的"硬"与硅胶材质的"软"组合； 2. 通过颜色的统一，让两种材料的质感协调但又存在细微的差别，从而呈现出更丰富的层次感

5.3.2　工艺技术与造型设计

1. 传统工艺与现代设计

工艺既是实现设计方案的制作过程，也可以为设计而服务。我国有着悠久的历史文化，传统工艺更是丰富多样。在传统工艺的基础上，融合现代的设计理念，已成为一种产品造型设计的新趋势，较为常见的设计方法是将传统工艺与现代简约的造型相结合。这种传统与现代的结合主要分为两种风格：

（1）部分保留传统，部分融合现代设计；

（2）保留传统的工艺特性，但造型完全运用现代设计理念。

传统工艺与现代造型设计案例见表 5-3。

表 5-3　传统工艺与现代造型设计案例

传统工艺与现代造型设计	案例介绍
	铁壶（日本传统铁壶工艺） 设计师：黑川雅之 保留了日本铁壶的工艺特性，用简约、几何的现代造型语言全新诠释了日本铁壶
	椅满风（宋明家具"交椅"的现代转化） 设计师：石大宇 注重本色和竹质的特质及纹理，不加遮饰，形象浑厚，风格典雅。其设计根基发源于中国宋明家具"交椅"，椅足呈交叉状
	Valet Chair（中国传统榫卯工艺） 设计师：Hans Wegner 将榫卯结构融入椅子设计，座椅的所有拼接都采用榫卯结构，无任何螺钉或配件固定

2．工艺创新与设计创新

科技创新是设计发展的基础，材料工艺的技术创新能为产品造型设计提供更多的创意性和延展性。新的材料技术方式不仅为生产工艺带来了突破，也为产品造型设计提供了更大的设计空间。许多产品，受到材料特性与工艺技术的限制，其造型上的设计变化会受到一定的限制。新工艺技术的出现，促进了造型设计的发展和创新。以3D打印技术为例，3D打印技术出现在20世纪90年代中期，实际上是利用光固化和纸层叠等技术的最新快速成型装置。3D打印即快速成型技术的一种，又称增材制造，它是一种以数字模型文件为基础，运用粉末状金属或塑料等可黏合材料，通过逐层打印的方式来构造物体的技术。3D打印通常是采用数字技术材料打印机来实现，常在模具制造、工业设计等领域被用于制造模型，后逐渐用于一些产品的直接制造，已经有使用这种技术打印而成的零部件。

3D打印存在着许多不同的技术。3D打印常用的材料有尼龙玻纤、耐用性尼龙材料、石膏材料、铝材料、钛合金、不锈钢、镀银、镀金、橡胶类材料（图5-9～图5-11）。快速、精准、便捷是3D打印的优势特征，随着3D打印技术的不断发展，可实现打印的材料种类将会越来越多。

图 5-9　陶瓷 3D 打印

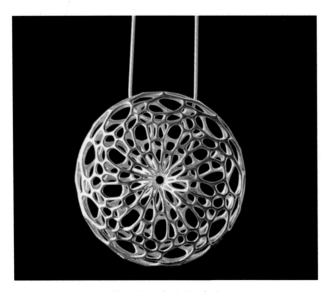

图 5-10　金属 3D 打印

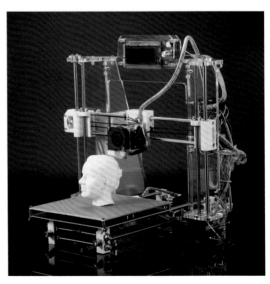

图 5-11　树脂 3D 打印

1. 选择一个人体工程学产品，分析人体工程学对该产品造型设计的影响。
2. 选择一种特定材料或特定工艺的产品，分析材料、工艺对该产品造型设计的影响。

参考文献

[1] 陈炬，张釜，梁跃荣. 产品形态语意设计——让产品说话 [M]. 北京：化学工业出版社，2014.

[2] 桂元龙，杨淳. 产品形态设计 [M]. 北京：北京理工大学出版社，2007.

[3] 夏征农，陈至立. 辞海（第六版 缩印本）[M]. 上海：上海辞书出版社，2010.

[4] 袁涛. 工业产品造型设计 [M]. 北京：北京大学出版社，2011.

[5] 吴国荣，杨明朗，吴江，等. 产品造型设计 [M]. 2版. 武汉：武汉理工大学出版社，2010.

[6] 胡海权. 工业设计形态基础 [M]. 沈阳：辽宁科学技术出版社，2013.

[7] 孙宁娜，董佳丽. 仿生设计 [M]. 长沙：湖南大学出版社，2010.

[8] 戴端. 产品形态设计语义与传达 [M]. 北京：高等教育出版社，2010.

[9] 丁玉兰. 人机工程学 [M]. 5版. 北京：北京理工大学出版社，2017.